内 容 提 要

　　本书主要介绍了先进实用的蜜蜂病虫害诊断和防治技术。内容包括养蜂生产中常用的消毒方法、细菌性病害、真菌性病害、病毒病、原生动物病、寄生螨、昆虫类病敌害及非传染性病害等，对近年来发生严重的蜜蜂中毒也有涉及。本书紧密结合生产实际，突出了实用性，在当前蜜蜂病虫害发生严重的情况下，该书可以作为广大养蜂生产者以及初学养蜂人员的重要参考书。

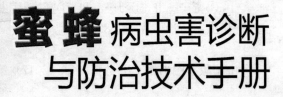

蜜蜂病虫害诊断与防治技术手册

MIFENG BINGCHONGHAI ZHENDUAN YU FANGZHI JISHU SHOUCE

刁青云　主编

中国农业出版社

图书在版编目（CIP）数据

蜜蜂病虫害诊断与防治技术手册／刁青云主编．—
北京：中国农业出版社，2017.1（2021.4 重印）
ISBN 978 - 7 - 109 - 22546 - 6

Ⅰ．①蜜…　Ⅱ．①刁…　Ⅲ．①蜜蜂-病虫害 诊断②
蜜蜂-病虫害防治　Ⅳ．①S895

中国版本图书馆 CIP 数据核字（2017）第 000954 号

中国农业出版社出版
（北京市朝阳区麦子店街 18 号楼）
（邮政编码 100125）
责任编辑　黄　宇　郭晨茜　郭银巧

中农印务有限公司印刷　新华书店北京发行所发行
2017 年 1 月第 1 版　2021 年 4 月北京第 8 次印刷

开本：850mm×1168mm 1/32　印张：3.75　插页：2
字数：90 千字
定价：15.00 元
（凡本版图书出现印刷、装订错误，请向出版社发行部调换）

蜜蜂病虫害诊断与防治技术手册

主　　编　刁青云

编著人员（以姓名音序排列）

褚艳娜　代平礼　刁青云　高　晶

侯春生　姜秋玲　李桂芬　李　芸

秦玉川　王　强　吴艳艳　杨　磊

袁春颖　扎西罗布　张文秋　周　军

目　录

本书中所说的东方蜜蜂是和西方蜜蜂相对应的。西方蜜蜂起源于欧洲、非洲和中东，是目前世界最普遍的蜂种，其亚种有：意大利蜜蜂（*A. mellifera ligustica*）、卡尼鄂拉蜂（*A. m. carnica*）、高加索蜜蜂（*A. m. caucasica*）、欧洲黑蜂（*A. m. mellifera*）、突尼斯蜜蜂（*A. m. intermissa*）、东非蜜蜂（*A. m. scutelata*）和安纳托利亚蜜蜂（*A. m. anatolica*）等。西方蜜蜂已成为世界各国主要饲养的蜂种，目前我国饲养的西方蜜蜂包括意大利蜜蜂、卡尼鄂拉、喀尔巴阡等，其中以意大利蜂最多，简称意蜂。

东方蜜蜂原产地在东方，分布于亚洲的中国、伊朗、日本、朝鲜等多个国家以及俄罗斯远东地区。在中国，东方蜜蜂又被称为中华蜜蜂，简称中蜂。

第一章

总　论

蜜蜂病虫害控制是养蜂取得收益的重要手段。蜂王的质量和蜂群饲养管理会影响病虫害的发生。作为养蜂者，应该清楚地知道蜜蜂病虫害的分类和发病特征，以便有针对性地开展病虫害防控。更重要的是，在了解蜜蜂生物学的基础上，为蜂群提供足够的营养，保证蜂群获得充足的营养，适度生产，在每个生产季后为蜜蜂留足繁殖和休息的时间，保证蜜蜂周年处于良好的健康水平，从根本上降低病虫害的发生。

作为养蜂者，要提高对蜜蜂病虫害的重视程度和认识程度，学习蜜蜂病虫害的发病特征，加强观察，准确判断，采取有力措施预防蜜蜂病虫害的发生。

养蜂者一进入蜂场，首先要注意观察蜜蜂的飞行情况，蜂箱巢门口是否有死蜜蜂、濒临死亡的蜜蜂或蜜蜂幼虫，蜂箱上是否有点状的排泄物等。蜂箱巢门口有大量蜜蜂就是不正常的蜜蜂。有时候患美洲幼虫病的蜂群，巢门口会有很多蜜蜂，也可能是病群中正在发生盗蜂。

其次，要观察成年蜜蜂。对成年蜜蜂而言，大部分病害很难用肉眼诊断，因为包括农药中毒在内的各种病虫害的症状很类似，如不能飞行，耷拉着翅膀，巢门口爬行等。大多数病害的诊断还需要借助显微镜和分子手段来确定。

再者，要进行幼虫的观察。应找到幼虫房，观察幼虫的发育。如果没有幼虫，找以前有幼虫的幼虫房，看蜂王产卵是否一致。正常情况下，幼虫房中心 90%巢房中应该有卵、幼虫或者蛹，封盖整齐，为棕色或者棕褐色，中心位置要高于边缘。健康的未封盖幼虫看起来有小孔，因为巢房封盖是从边缘向中心封，孔位于中间，边缘光滑。插花子脾上会有封盖巢房和未封盖巢房，这是蜜蜂患病的症状之一。接着要观察非正常封盖幼虫房中的幼虫是否正常。有穿孔的封盖、下沉或者颜色不正常的幼虫都是幼虫患病的表现。这样的幼虫需要仔细观察是否有腐臭的幼虫和蛹的尸体。幼虫房中的空房也要观察底部是否有干枯的幼虫或者蛹的鳞片。许多养蜂者靠嗅闻来判断欧洲幼虫腐臭病和美洲幼虫腐臭病。患欧洲幼虫腐臭病会有酸败的味道，美洲幼虫腐臭病会有腐烂的味道，但仅仅依靠气味来正确判断疾病是远远不够的。有时候非传染性疾病也会有传染性疾病类似的症状。当蜂群中缺乏哺育蜂、受寒或者饥饿也会导致没有幼虫。蜂群失王、工蜂产卵、化学药物或者植物中毒也会产生与病害相似的症状。

一、蜜蜂病虫害的分类和特点

经过长期的进化，蜜蜂已经形成了自身固有的生物学特性，对周围的生物和非生物因素有一定的适应能力。如果周围的因素发生了变化，在一定范围内，蜜蜂能够在个体和蜂群范围内进行一定的调整。如果周围的因素发生的变化较大，超出了蜜蜂的调节能力，蜜蜂的正常代谢和蜂群的行为就会被破坏，其生理、行为等就会发生改变，蜂群的正常生产和繁殖会受到影响。

引起病虫害发生的因素很多，依据其特点，可以分为物理因素、化学因素和生物因素。

物理因素：包括机械创伤、温度、湿度、射线等，其作用根据剂量不同而不同。在一定程度内，蜜蜂可以自行修复，超过该范围，蜜蜂和蜂群很难修复。

化学因素：蜜蜂接触到的化学因素主要有各种药剂，包括蜜蜂采集所接触到的植物上的药剂、因防治蜜蜂本身的病虫害而施用的蜂群药剂等。

生物因素：主要包括病原微生物（包括病毒、细菌、真菌等）、寄生性昆虫、捕食性昆虫及其他捕食性动物等。

（一）蜜蜂病虫害的分类

蜜蜂的病虫害按其病原分为真菌、细菌和病毒引起的传染病，寄生螨、寄生性昆虫、原生动物和寄生性线虫等引起的侵害，以及遗传因素和不良因素引起的疾病和中毒等非传染性病害（表1）。

表1　蜜蜂病害分类

传染性病害	传染病	细菌病	美洲幼虫腐臭病
			欧洲幼虫腐臭病
			副伤寒病
			败血病

（续）

			囊状幼虫病
传染性病害	传染病	病毒病	黑蜂王台病
			麻痹病
			埃及蜜蜂病毒病
			云翅病毒病
		真菌病	蜜蜂螺原体病
			白垩病
			黄曲霉病
	侵袭病	寄生螨	雅氏瓦螨（大蜂螨）
			亮热瓦螨（小蜂螨）
			武氏蜂盾螨（气管螨）
		寄生性昆虫和线虫	蜂麻蝇
			驼背蝇
			圆头蝇
			蜂虱
			线虫
		原生动物病	蜜蜂微孢子虫病
			蜜蜂阿米巴病
非传染性病害		遗传因素和不良因素引起的疾病	卵干枯病
			僵死幼虫
			佝偻病
			下痢病
			卷翅病
			蜂群伤热
			幼虫冻伤
		蜜蜂中毒	农药中毒
			植物中毒
			工业污染中毒

（二）病原的传播途径

蜜蜂病虫害的发生和流行与病原的生存能力和病原的传播有很大的关系。细菌、真菌、原生动物病原的生活史上都有一个产生抵抗力的阶段，如细菌的芽孢、真菌的菌核、病毒的包含体这些阶段的存在使病原长时间具有致病能力，可以对寄主进行重复感染，甚至造成蜜蜂病害的再次流行。美洲幼虫腐臭病幼虫芽孢杆菌的芽孢在巢脾或者蜜蜂幼虫尸体中可以保持毒力数十年。

蜜蜂病虫害的病原在蜂群中的传播主要有两条途径：垂直传播和水平传播。

垂直传播（图1）是指病原可以通过蜜蜂的繁殖从亲代传递给子代的一种方式。如染病的蜂王可以将病原传递给卵，带病原的蜜蜂卵发育成带病原的幼虫、蛹和成年蜂。成年工蜂通过饲喂行为将病原传递给蜂王和幼虫，成年雄蜂可以通过交尾和精液将病原传递给健康蜂王，使其成为病原的携带体。卵、幼虫和蛹上的病原又可以通过被污染的机具和设备传递到别的健康蜂群。瓦螨刺吸蜜蜂蛹，可以通过螨的传播将病原扩散到其他蜂群。

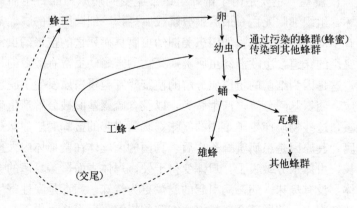

图1 蜜蜂病虫害垂直传播（刁青云）

水平传播是指病原借助蜜蜂的活动，如取食、排泄、吐液、躯体接触、飞翔等，通过伤口或经口引起同一群体内同世代或不同世代的不同个体间相互感染，不断重复感染。如蜜蜂病原物可以通过饲喂、哺育、清理等行为由粪便、迷巢蜂、盗蜂、蜜蜂尸体、饲料（蜜、粉）以及被污染巢脾等在健康蜜蜂和染病蜜蜂中进行传播。

通过垂直传播和水平传播，病原实现了本蜂群内的传播。蜂群间的病原传播主要通过水平传播实现，如工蜂、雄蜂迷巢，失王逃群，盗蜂、病蜂和健康蜂采集同一水源和蜜粉源等。此外，不恰当的合并蜂群，病群和健康群之间的互调子脾、蜜粉脾，添加巢脾等都可以引起病原在蜂群之间的传播，也使得蜜蜂病虫害防控工作更加难做，保持蜂群健康也更加困难。

（三）蜜蜂病虫害常见症状

症状是蜜蜂患病后表现出来的各种不正常的表现和反应，由此可以判断病害类型和情况。由于蜜蜂感病的虫态、日龄不同，表现出的症状也不相同。相比于脊椎动物，通过蜜蜂病虫害的症状对于确定其感病情况更加困难。常见的蜜蜂染病后症状如下：

1. **腐烂**　主要是由于蜜蜂组织细胞受到病原物的寄生而被破坏，组织细胞死亡，最后被分解成腐烂物。细菌引起的腐烂常带有不同的腐臭气味，如因患美洲幼虫腐臭病死亡的蜜蜂幼虫常有腐烂的味道，患欧洲幼虫腐臭病死亡的蜜蜂幼虫常有酸败的气味。这是因为细菌的蛋白质分解酶使蜜蜂细胞蛋白质发生了脱羧反应，使氨基酸分解，产生胺类，以及含硫氨基酸被分解产生硫化氢，这些物质产生了难闻的气味。真菌引起的蜜蜂腐烂症状是干腐，其原因是患病蜜蜂死亡后，真菌的菌丝体在蜜蜂体内大量生长，虫体水分被吸干，尸体变得干硬，尸体表面覆盖真菌的子实体，没有臭味。病毒病引起的腐烂更为特殊，病毒是专性寄生在活细胞内，其增殖会造成寄主细胞的崩解，而蜜蜂表皮不是活细胞，病毒不寄生，不会破坏蜜蜂的表皮，因此，患病幼虫死亡后，表皮完整，而体内的组织完全腐烂。如患囊状幼虫病死亡的蜜蜂幼虫。

2. **变色** 蜜蜂患病后，不论哪个虫态和虫龄，其体色均会发生变化。通常成年蜜蜂体色会从明亮变暗淡，由浅色变深色。幼虫体色也会由明亮有光泽的珍珠白色变苍白，继而转变成黄色甚至黑色。

3. **畸形** 蜜蜂病害中有很多畸形症状，包括肢体（主要是翅膀）的残缺，躯体的肿胀以及其他不正常的形态。螨害容易造成蜜蜂翅膀不正常，高温和低温也会引起蜜蜂卷翅、缺翅。许多病原菌、病毒、马氏管变形虫等原生动物可以引起蜜蜂腹胀。遗传病可以引起蜜蜂房雌雄镶嵌等现象。

4. **"花子"和"穿孔"** "花子"和"穿孔"是蜜蜂病害特有的症状，是指蜜蜂幼虫患病后蜜蜂子脾上的变化。正常子脾的同一个面上，虫龄整齐，封盖一致，无孔洞。蜜蜂幼虫患病后，清理蜂会清除子脾上的患病幼虫，而正常的蜜蜂幼虫会继续正常发育，蜂王会在清理后的子脾房中产卵，这样在子脾的同一个面上就会出现健康的封盖子、日龄不一致的幼虫房和卵房或者空巢房相间的情况，这就是"花子"。"穿孔"是指蜜蜂子脾巢房封盖后，由于感病房内幼虫和蛹的死亡，内勤蜂啃咬房盖后产生的小孔。

（四）蜜蜂病虫害发生的特点

1. **症状复杂** 对于蜜蜂病虫害而言，种类性质差别很大的疾病常引起类似的症状，如细菌病、原生动物、花蜜或农药中毒等都能引起蜜蜂腹胀、不能飞翔、爬行、下痢、震颤等。因此，针对肉眼观察到蜜蜂出现的上述症状很难做出准确的判断。因此，必须采取多种检测手段，结合肉眼的观察。

2. **群体发病** 蜜蜂是群体性生活的社会性昆虫，由于蜂群的特殊性质，几万只蜜蜂以群体的形式共同居住于蜂箱的狭小空间内，蜂箱内常年要保持 35 ℃的恒定温度，还要维持一定的湿度，这样的环境有利于病原物的发生、繁殖和侵染，因此，可以说蜂箱为病害的发生创造了有利条件。蜂群中一只蜜蜂染病，其他蜜蜂很难避免不与其接触，通过垂直传播和水平传播使得蜂群内和临近蜂群的蜜蜂很容易被感染。由于蜜蜂要外出采集花蜜、花粉、蜂胶和水，任何染病的蜜蜂只要外出活动就可能使得在其飞翔范围内其他健康蜂染病。

3. **复合感染**　对于蜜蜂而言，病虫害的发生不仅降低了蜜蜂的采集能力，而且降低了其免疫力。蜜蜂不像脊椎动物一样具有获得性免疫，其免疫是先天免疫，而且工蜂由于寿命短，不能繁殖后代，因此，其个体所产生的免疫力不可能遗传，免疫力一旦受到破坏，很容易感染其他疾病。如蜜蜂被螨刺吸后，会留下伤口，蜂螨会分泌物质使得伤口不愈合，同时抑制蜜蜂自身免疫反应，为其他病害的发生创造了条件，在蜂螨刺吸时，会将病毒注入蜜蜂体内，使得病毒在蜜蜂体内增殖，此外病毒也会在蜂螨体内大量繁殖，这样蜂群中一旦有蜂螨，蜂螨就会和病毒共同作用，对蜜蜂进行侵染，其他病原也会协同作用，共同侵染蜂群。如蜂螨和微孢子虫侵染、中毒、营养不良、天气原因等都可以增加病毒的侵染。2013 年笔者在湖南、湖北、安徽、四川、广东、贵州、江西、江苏、福建、河南、河北、黑龙江、吉林、辽宁、甘肃、山西、陕西、山东和北京等在内的 20 个省份收集到 240 个西方蜜蜂样品，对它们进行了包括以色列麻痹病毒等在内的 7 种病毒检测，结果表明，所有的样品都存在多种病毒感染。感染率分别如下：以色列麻痹病毒 99.17%，残翅病毒 98.33%，囊状病毒 98.33%，慢性麻痹病毒 96.67%，黑蜂王台病毒 63.33%，克什米尔蜜蜂病毒 13.33%。51.67% 的蜜蜂同时感染 5 种病毒，33.33% 的蜜蜂同时感染 4 种病毒，10.83% 的蜜蜂同时感染 6 种病毒，4.17% 的蜜蜂同时感染 3 种病毒。笔者在其他地方的检测结果也表明，被蜂螨和微孢子虫侵染的蜜蜂极少有不感染病毒病的。

二、蜜蜂病虫害的防治措施

（一）加强蜂群的日常饲养管理

蜂场要选择在蜜源条件好、地势较高、干燥、温度适宜的地方，附近要有清洁的水源；远离工业污染区域和刚喷过农药的植物；蜜蜂的饲料要品质优良，没有微孢子虫和引起蜜蜂其他传染病的病原菌污染；蜂箱要干净无异味，无裂缝，经常进行消毒；蜂群要定期检查，根据季节和群势的变化及时调整蜂群；防止盗蜂和迷巢蜂等。

给蜂群创造良好的生活条件，提高蜜蜂本身的抵抗力，是减少病虫害发生的基本措施。冬季平均气温降低到 14 ℃时，应对蜂群采取保温措施，同时避免过度保温。气温在 5 ℃以下时将蜂箱全部覆盖，晴暖天气注意通风，夜晚覆盖。南方阴雨天气，注意保温与通风降湿的关系，以塑料膜内没有水珠为宜，出现水珠要及时掀开帘子降低湿度。随着气温升高，外包装物可全部去除，内保温物随着扩大蜂巢而逐步撤出。调节巢门大小也是调节巢内温度的重要方法，上午逐渐开大巢门，午后要逐渐缩小巢门，以工蜂进出巢门不拥挤、没有蜜蜂扇风为宜。夏季应将蜜蜂放置于阴凉处，防止暴晒，及时喂水，在中午高温时可向蜂箱喷水降低温度。

（二）加强蜜蜂营养

要养好蜜蜂，必须为蜜蜂提供充足的营养，蜂群才能强壮。强群是蜂产品高产和稳产的基本保证。蜜蜂不仅个体强壮，群体抗逆性也强，抗病能力才能强。在取蜜时，特别是秋末取蜜时，不能全部取光，要留足蜜蜂的越冬饲料。在没蜜和没粉的季节，为蜂群提供足够食用的蜂蜜和蜂花粉。生产上通常采用的方法是，取光蜂蜜，饲喂白糖或者其他糖类；取光花粉，饲喂代用花粉，而这种做法非常不利于蜜蜂的健康。因为蜂蜜中不仅含有葡萄糖和果糖等蜜蜂产生能量的糖类，还含有大量的矿物质、维生素和其他元素。蜜蜂食用双糖会消化不良，对于糊精、淀粉等蜜蜂无法消化，会生产中毒现象。土糖和红糖含的杂质太多，蜜蜂也会无法消化。花粉中除了蛋白质和氨基酸外，还含有大量蜜蜂需要的酶类、维生素和其他物质。代用花粉中蛋白质种类和比例与花粉不同，对蜜蜂的营养作用远远不如蜂花粉，蜜蜂食用后会消化不良，甚至还可能因为来路不明的成分而引起蜜蜂中毒。

（三）加强蜜蜂病虫害的观察

有经验的养蜂员，善于发现患病蜜蜂和正常蜜蜂的不同表现，总结蜜蜂病虫害的发病规律，借助于日常的蜜蜂饲养管理的观察经验，通过箱外观察以及开箱观察，很容易发现患病蜜蜂的不正常表现，如体色变化、体型不正常、形态变化以及行为不正常，如不取食、不活动、躁动不安、无法飞行等。

（四）选育蜂王

由于长期的自然选择，不同的蜂种对不同疾病有不同的抵抗力。如囊状幼虫病在中华蜜蜂易发生，而在西方蜜蜂则不易发生。中华蜜蜂易发生欧洲幼虫腐臭病，西方蜜蜂虽然也会被感染，但很少发病。选择抗病性强的蜂群培育蜂王，替换容易感病的蜂王，可以从根本上减轻病害的发生和危害程度。

（五）预防措施

（1）购买蜂群时注意要求卖方提供检疫证书，不从易发病的区域引进病蜂群　防止购入带病蜂给本场蜜蜂和当地蜜蜂带来毁灭性的影响。北方地区频繁发生的中蜂囊状幼虫病多是由养蜂者擅自从病区购入蜂群引起的。我国中蜂囊状幼虫的大发生和大范围的流行也与频繁的蜂群买卖和迁移有关。

（2）注意卫生 保持蜂场和蜂群内的清洁卫生。由于病原物可以通过养蜂员的操作进行传播，因此，养蜂员要注意个人卫生，处理完病蜂群后要洗手再处理健康蜂群，不交叉使用病蜂群和健康蜂群的机具、设备和产品。

（3）及时消毒 每年秋末和春季对蜂场、蜂具、蜂箱、仓库定期消毒；对被病蜂群污染的蜂场、蜂具、蜂箱消毒。

（4）隔离病群 将具有典型症状的病蜂群搬至离健康群 2 千米以外的地治疗；与病蜜蜂群接触但未表现症状的蜂群应隔离观察，也可预防性给药；与病蜂群邻近蜂场的蜜蜂，也需进行观察，必要时进行预防性给药或转移至其他地方。

（5）药物治疗

特别注意：由于任何药物的使用都会造成蜂巢中蜂产品的残留污染，影响蜂产品的质量，因此，在生产季节严禁用药，如必须用药，则用药蜂群的蜂产品不得用作商品，只可用于蜂群饲料。一般停药期控制在生产期前一个月。

针对病害，对症下药。细菌病和螺原体病选用具有抗菌作用的中草药；病毒病选用肽丁胺制剂或有抗病毒作用的中草药；真菌病选用抑制真菌生长的中草药；孢子虫选用柠檬酸；蜂螨用氟胺氰菊酯和升华硫。为防止污染蜂产品，大流蜜初期应把所有含蜂药的存蜜摇出。

∽ 参 考 文 献 ∽

Allen M, Ball B, 1996. The incidence and world distribution of the honey bee viruses [J]. Bee World（77）：141-162.

Berényi O, Bakonyi T, Derakhshifar I, et al, 2006. Occurrence of six honey bee viruses in diseased Austrian apiaries [J]. Applied and Environmental

Microbiology，72（4）：2414-2420.

Chantawannakul P，Ward L，Boonham N，et al，2006. A scientific note on the detection of honeybee viruses using real-time PCR（TaqMan）in Varroa mites collected from a Thai honeybee（*Apis mellifera*）apiary［J］. Journal of Invertebrate Pathology，91（1）：69-73.

Chen Y P，Evans J D，Pettis J S，2011. The presence of chronic bee paralysis virus infection in honey bees（*Apis mellifera* L.）in the USA［J］. Journal of Apicultural Research，50（2）：85-86.

Morimoto T，Kojima Y，Yoshiyama M，et al，2012. Molecular identification of chronic bee paralysis virus infection in Apis mellifera colonies in Japan［J］. Viruses，4（7）：1093-1103.

Todd J H，de Miranda J R，Ball B V，2007. Incidence and molecular characterization of viruses found in dying New Zealand honey bee（Apis mellifera）colonies infested with *Varroa destructor*［J］. Apidologie（38）：354-367.

Yan Y W，Hui R Ji，Qiang W，et al，2015. Multiple virus infections and the characteristics of chronic bee paralysis virus in diseased honey bees（*Apis mellifera* L.）in China［J］. Journal of Apicultural Science，59（2）：95-106.

第二章

消 毒

消毒是阻断传染病的一个有效方法，通过物理或化学方法消灭停留在不同的传播媒介物上的病原体，以此切断传播途径，阻止和控制传染的发生。其目的是防止病原体播散而引起流行发生。仅靠消毒措施还不足以达到切断病原物传播的目的，必须同时进行必要的隔离，才能达到控制传染的效果。

医学上将消毒分为疫源地消毒和预防性消毒两种，也可按照消毒水平的高低，分为高水平消毒、中水平消毒与低水平消毒。养蜂生产上将消毒分为疫源地消毒和预防性消毒。

疫源地消毒是指对有传染源存在的场所进行消毒，以免病原物外传。疫源地消毒又分为随时消毒和终末消毒两种。随时消毒是指及时杀灭并消除由污染源排出的病原物而随时进行的消毒工作。终末消毒是指传染源隔离，其痊愈或死亡后，对其原发病场所进行彻底消毒，以期将传染病所遗留的病原物彻底消灭。

预防性消毒是指未发现传染源情况下，对可能被病原体污染的物品、场所和人体进行消毒措施，如放蜂场所消毒、养蜂机具消毒、饮水消毒等。

消毒的方法主要有物理消毒和化学药物消毒。在实际应用中，消毒时要根据病原体的特性、蜂群的实际情况来选择消毒方法和消毒剂种类。物理消毒成本低、方便易行，其方法包括清扫、日晒和紫外线辐射、风干及高温处理等。化学消毒法是用化学药品进行消毒，所选消毒剂应尽可能选择对人、蜂安全，无残留毒性，对设备无破坏性，不会在蜂产品中产生有害积累的消毒剂，并按说明书使用。

养蜂生产上常用的消毒包括场地消毒、蜂具消毒、饲料消毒和带蜂消毒等。

一、场地消毒

场地消毒非常重要，但是养蜂者普遍不重视。在选择好放蜂场地时，要打扫卫生，拔除杂草，切忌在蜂场周边喷洒除草剂除草，这样会引起蜜蜂中毒。场地周边没有污水，有污水的地方尽量填平，以免蜜蜂采食污水后患病。蜂场周围最好有洁净的水源，没有化工厂、矿山和经常喷洒农药的果园、田地。

入场前，可对蜂场地面撒石灰粉消毒，或者用5％的石灰水喷洒场地。每周要清理一次蜂场的死蜂和杂草，清理的死蜂应及时深埋。特别是发病死亡的蜜蜂每天要清理，清理后对蜂场和蜂箱周围用石灰水消毒。北方的越冬室消毒采用10％～20％石灰水刷墙和地面，石灰水配制方法是：1份生石灰加1份水制成消石灰，再加水成10％～20％溶液，需要注意的是石灰水要现用现配。

蜂螨的防治中有一个重要的经验是外界气温上升时，在尽早撤除稻草保温物的同时，在箱底地上和门口周围撒上1：1的硫黄粉和石灰粉，薄薄一层即可，一般蜂场只需几元成本，一般只要硫黄粉还看得出，就一直有防治效果，以后如能再撒几次硫黄粉效果更好。这种方法不仅起到消毒和杀灭蜂螨的作用，而且能有效杀灭真菌。此外，流蜜期后，在箱底到箱门口也可使用这样的防治方法。

二、机具消毒

由于病原物存在于患病蜜蜂和机具中，可以通过蜜蜂粪便、死亡尸体、饲料（蜜、粉）和被污染巢脾进行水平传播，而且存活时间长，如常温下囊状幼虫病病毒在病死幼虫和蜂蜜中可存活1个月，美洲幼虫病的病原可以在蜂机具上存活数十年。因此，对于机具必须进行消毒，以避免因为使用机具而将病原物传染给健康的蜜蜂和蜂群。

机具的消毒可以分为熏蒸、洗涤和浸泡。对于蜂箱、巢房、巢框等容易燃烧的机具，可以采用熏蒸的方法进行消毒。金属质蜂具，如起刮刀、割蜜盖刀等可用酒精喷灯火焰灼烧或用75％酒精消毒。蜂扫、工作服经常用碳酸钠水溶液清洗和日光暴晒。塑料隔王板、塑料饲喂器、塑料脱粉器等可用过氧乙酸、新洁尔灭水溶液洗刷或高锰酸钾熏蒸消毒，每年至少一次。巢脾可选用次氯酸钠、过氧乙酸或新洁尔灭水溶液浸泡消毒，消毒后的巢脾要用清水漂洗晾干。需要注意的是，蜂具的消毒需要脱蜂，不带粉、蜜，以防止蜜蜂损失，提高消毒效果。根据消毒药的类型与本蜂场的常见病、多发病选择消毒药，并且要严格按照使用说明使用，不可随意加大剂量，以免造成不必要的损失和浪费。无论使用何种化学消毒剂，以浸泡和洗涤形式处理的，消毒过后要用清水洗涤干净，熏蒸消毒的蜂具应在流通空气中放置72小时以上。巢脾上如有花粉等存在，其消毒的浸泡时间，可视药品的作用时间而适当延长，以达到消毒彻底的目的。有些消毒药对皮肤、眼及呼吸道黏膜都有刺激作用，使用时要注意安全。

具体药物及消毒方法如下：

（一）硫黄熏蒸

用于螨、蜡螟、巢虫、真菌的消毒。在密闭的房间内，将需要消毒的蜂具用水喷湿，以提高消毒效果。按照2～5克粉剂的用量点燃，用其燃烧时释放出的含二氧化硫的烟雾进行熏蒸消毒，密闭熏蒸24小时。蜂箱消毒时，5个箱体为一组，每个蜂箱放8个脾。将燃烧的木炭放入容器中，立刻撒上硫黄，密闭熏蒸 12 小时。

需要注意的是使用硫黄时要注意防火，熏蒸后的机具在使用前要充分通风，去除异味。硫黄熏蒸对卵、封盖幼虫和蛹无效。

（二）福尔马林或高锰酸钾熏蒸

主要用于细菌、病毒、芽孢、孢子虫、阿米巴的消毒，一般使用 2％～4％福尔马林（1 份福尔马林加 9～18 份水）喷洒地面、墙壁、泡蜂箱等 12 小时。

选择高而深的容器，按照福尔马林 10 毫升、热水 5 毫升、高锰酸钾 10 克的比例，先将福尔马林倒入容器，再加热水，最后加高锰酸钾，操作过程中防止其燃烧喷溅到衣服上，并且要注意防止吸入烟气。密闭熏蒸时间为 5～6 小时，熏蒸后的机具在使用前也要充分通风，去除异味。

需要注意的是，为了避免福尔马林污染蜂产品，巢脾等避免用福尔马林消毒。

（三）冰醋酸熏蒸

用于消毒被蜂螨、孢子虫、阿米巴、蜡螟的卵和幼虫等感染的蜂具。采用 80％～98％的冰醋酸熏蒸。具体做法：按照每只蜂箱用冰醋酸 10～20 毫升的用量将冰醋酸洒在布条上，将布条挂在装着欲消毒巢脾的继箱，将箱体摞好，盖好蜂箱盖进行密闭熏蒸 24 小时。气温低于 18 ℃，延长熏蒸 3～5 天。

（四）84 消毒液

用于细菌、芽孢、真菌和病毒的消毒。蜜蜂感染细菌病消毒时，可用 0.4％的 84 消毒液消毒 10 分钟；病毒消毒时，可用 5％的 84 消毒液消毒 90 秒。84 消毒液可对蜂箱、蜂具、巢脾消毒，但金属物品的洗涤时间不宜过长。84 消毒液应注意避光保存。

（五）漂白粉

用于细菌、芽孢、真菌和病毒的消毒。可用 5%～10% 的漂白粉消毒 2 小时。漂白粉可对蜂箱、蜂具、巢脾消毒，但金属物品的洗涤时间不宜过长。

此外，漂白粉还可以用于水源消毒，1 米^3 水源加漂白粉 6～10 克，消毒 30 分钟。

（六）食用碱

用于细菌、真菌和病毒的消毒。可以用 3%～5% 的食用碱消毒。食用碱也可用于蜂箱的洗涤。巢脾的消毒需要 2 小时，蜂具和衣服消毒需要 30～60 分钟。越冬室的墙壁和地面消毒液可以喷洒食用碱的水溶液。

（七）食盐水

用于细菌、真菌、孢子虫、阿米巴和巢虫消毒。可以用 36% 饱和食盐水进行蜂箱、蜂具、巢脾消毒，浸泡时间为 4 小时。

（八）酒精喷灯火焰灼烧消毒

铁质蜂具，如起刮刀、割蜜盖刀等可用酒精喷灯火焰灼烧消毒。

（九）热消毒

空箱、巢脾及养蜂工具可以放置在可以升温的空间里，将温度升高至 49 ℃，维持 24 小时可杀死微孢子虫。

三、饲料消毒

被真菌孢子污染的花粉是真菌病传播的重要途径，因此，在饲喂花粉时必须进行消毒。花粉的消毒主要方法如下：

（一）高温蒸汽消毒

将花粉在锅里用高温蒸汽蒸 15 分钟，待花粉变凉后即可使用。

（二）辐照消毒

利用 γ 射线源 ^{60}Co 放射所产生的射线来杀菌。其杀菌原理是利用射线的高能量直接破坏细菌的酶系统而导致细菌死亡。辐照对蜂花粉中的蛋白质、糖类和氨基酸影响不大。经过辐照后花粉中的病菌失去活性，而花粉的成分没有明显变化（维生素 C 和过氧化氢酶除外），蛋白质还更稳定。

（三）微波消毒

家庭中可以采用微波炉进行花粉消毒，消毒过程中注意经常翻动，避免烧焦。

（四）蜂体消毒

患病蜂群中的蜜蜂常带有病原菌，在进行蜜蜂病虫害防治时，可以同时进行蜂体消毒。在天气晴好的时候可以用百毒杀等季铵盐类消毒剂进行消毒。使用请按照说明书要求进行。

第三章

蜜 蜂 细 菌 病

一、美洲幼虫腐臭病

美洲幼虫腐臭病（American foulbrood disease）是蜜蜂幼虫和蛹的一种细菌性急性传染病，又名臭子病、烂子病。美洲幼虫腐臭病最早发现于英国，随后蔓延至欧美各国，于 1929—1930 年由日本传入中国，目前在全国各地零星发生。

（一）病原

美洲幼虫腐臭病的病原为幼虫芽孢杆菌（*Paenibacillus larvae*），革兰氏阳性菌，1904 年由 White 发现。该菌具周身鞭毛，能运动，能形成芽孢（图 2）。幼虫芽孢杆菌对外界不良环境抵抗力很强。

幼虫芽孢杆菌为兼性厌氧菌，在含有硫胺素和数种氨基酸的半固体琼脂培养基上生长良好，还可以在胡萝卜—胨—酵母琼脂上生长。该细菌生长过程中产生的毒霉能抑制其

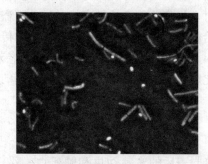

图 2　幼虫芽孢杆菌（吴艳艳，2010）

他细菌的生长，也能抑制自身的生长。因此，在培养过程中可看

到自溶现象。有时甚至要用活性炭吸附其毒霉，菌落生长才能良好。最适生长温度为35～37 ℃，最适 pH 6.8～7.0。将幼虫芽孢杆菌接入上述培养基内，置34 ℃下培养，一般在48～72小时后才能出现菌落。菌落小，乳白色，圆形，表面光滑，略有突起并具有光泽。若接种到没有葡萄糖的培养基上，3～4天内形成芽孢。

幼虫芽孢杆菌能分解木糖、葡萄糖、半乳糖、柳醇，有时也分解乳糖和蔗糖，产酸，不产气，能分解硝酸盐而产生亚硝酸，能缓慢地液化明胶，能分解胱氨酸生或硫化氢；不分解甘露醇、卫矛醇及过氧化氢；不水解淀粉。

（二）流行病学

美洲幼虫腐臭病常年均有发生，夏秋高温季节呈流行趋势，轻者影响蜂群的繁殖和采集力，重者造成蜂群覆灭。幼虫芽孢杆菌主要是通过幼虫的消化道感染。带有病死幼虫尸体的巢脾是病害的主要传染源。内勤蜂在清理巢房和清除病虫尸体时，把病菌带进蜜、粉房，通过饲喂将病菌传给健康幼虫。在蜂群间的传播，主要是养蜂人员将带菌的蜂蜜作饲料，以及调换子脾和蜂具时，将病菌传染给健康蜂。另外，盗蜂和迷巢蜂也可以将病菌传给健康群。还发现胡蜂也会感染和传播美洲幼虫腐臭病。孵化后24小时的蜜蜂幼虫最容易感染，老熟幼虫、蛹、成蜂都不易患此病。中华蜜蜂至今尚未发现此病的危害。

（三）症状

该病常使2日龄幼虫感染，4～5日龄幼虫发病，主要使蜜蜂封盖后的末龄幼虫和蛹死亡，死亡幼虫和蛹的房盖潮湿、下陷，后期房盖可出现针头大的穿孔，封盖子脾上出现空巢房和卵房、幼虫房、封盖房相同排列，俗称插花子脾。死亡幼虫失去正常白色而变为淡褐色，虫体萎缩下沉直至后端，横卧于蜂室时幼虫呈棕色至咖啡色，并有黏性，可拉丝，有特殊的鱼腥臭味。幼虫干瘪后变为黑褐色，呈鳞片状紧贴在巢房下侧房壁上，与巢房颜色相同，难以区分，也很难取出。患病大龄幼虫偶尔也会长到蛹期以后才死亡，这时蛹体失去正常白色和光泽，逐渐变成淡褐色、虫体萎缩、中段变粗、体表条纹突起、体壁腐烂，初期组织疏软、体内充满液体、易破裂，以后渐出现上述拉丝、发臭等症状。蛹死亡干瘪后，吻向上方伸出，是本病的重要特征。

（四）诊断

1. **症状诊断** 从可疑患病蜂群中，抽出封盖子脾一两张，若发现插花子脾状，即可初步诊断为美洲幼虫腐臭病。确诊需依靠实验室进行病原菌的分离鉴定。

2. **牛乳试验** 取新鲜牛乳 2～3 毫升置试管中，再挑取幼虫尸体少许或经分离培养的菌苔少许，加入试管中，充分混合均匀，加热到 74 ℃，若为美洲幼虫腐臭病，在 40 秒内即可产生坚固的凝乳块，健康幼虫需要在 13 分钟以后才产生凝集块。

3. **病原诊断** 挑取可疑死蜂尸体少许，加少量无菌生理盐水制成悬浮液，将上述悬浮液 1～2 滴，放在干净的载玻片上涂匀，在室温下风干。选择下列两种不同染色方法进行染色后，在显微镜（1 000×）下检查。

（1）**孔雀绿、沙黄芽孢染色法** 将涂片经火焰固定后，加 5％孔雀绿水溶液于载玻片上，加热汽腾 3～5 分钟，用蒸馏水冲洗后，加 0.5％沙黄水溶液复染 1 分钟，蒸馏水冲洗，用滤纸吸干，镜检。菌体呈蓝色，芽孢呈红色，即可确诊。

（2）**石炭酸复红染色和碱性亚甲蓝复染法** 将涂片经火焰固定后，加稀释石炭酸复红液于载玻片上，加热汽腾 2～5 分钟，用蒸馏水冲洗后，用 5％醋酸褪色，至淡红色为止（约 10 秒），以骆氏亚甲蓝液复染 0.5 分钟，用蒸馏水冲洗，吸干或烘干，镜检。菌体呈蓝色，芽孢呈红色，即可确诊。

4. 生化诊断法 幼虫芽孢杆菌能分解葡萄糖、半乳糖、果糖，产酸不产气，不分解乳糖、蔗糖、甘露醇、卫矛醇；不水解淀粉；不产生靛基质，缓慢液化明胶，还原硝酸盐为亚硝酸盐。

5. 分子诊断 目前有多种分子生物学方法可以检测美洲幼虫腐臭病。

（五）防治措施

美洲幼虫腐臭病不易根除，因此要特别重视预防工作。首先要杜绝病原传入。越冬包装之前，对仓库中存放的巢脾及蜂具等都要进行一次彻底的消毒。生产季节操作时要严格遵守卫生规程，严禁使用来路不明的蜂蜜作饲料，不购买有病蜂群。培育抗病蜂王，饲养强群，增强蜂群自身的抗病性。出现发病蜂群时，要进行隔离治疗，有病蜂群的蜂具要单独存放。

患病蜂群要采取不同方法防治。由于病原菌本身具有芽孢，对外界环境抵抗力很强，加上尸体黏稠，干枯后又紧贴房壁，工蜂难以清除，一般消毒剂也难渗入尸体中杀死病原菌。因此，带病菌的巢脾，就成为病害重复感染的主要传染源，难以根除。对于"烂子"面积30％以上的重病蜂群，要全部换箱换脾，子脾全部化蜡。患病较轻的蜂群要用镊子将患病幼虫清除，或再用棉花球蘸上0.1％新洁尔灭溶液或70％的酒精进行巢房消毒。蜂箱、蜂具、盖布、纱盖、巢框可用火焰或碱水煮沸消毒；巢脾可用6.5％次氯酸钠、二氯异氰尿酸钠或过氧乙酸溶液浸泡24小时消毒，也可用环氧乙烷熏蒸消毒。

用红霉素治疗美洲幼虫腐臭病有良好效果。治疗时每500克50％的糖浆可以加入红霉素0.1克，用来饲喂蜂群。每脾蜂喂25～50克，每隔1天喂1次，一个疗程可喂4次。注意严格执行休药期，大流蜜期前一个月停止喂药，同时将蜂箱中剩余的含有药物的蜜摇出，这样的蜂群可以作为生产群，而继续喂药的蜂群不能作为生产群使用。

二、欧洲幼虫腐臭病

欧洲幼虫腐臭病（European foulbrood disease）是由蜂房蜜蜂球菌等引起蜜蜂幼虫的一种细菌性传染病。以2～4日龄未封盖的幼虫发病死亡率最高，重病群幼虫脾出现不正常的"花子"现象，群势削弱。蜂群患病后不能正常繁殖和采蜜。该病世界各国都有发生，中蜂对该病抵抗力弱，病情比意蜂严重。

（一）病原

早在1912年美国 G. F. Whit 认为蜂房芽孢杆菌（*Bacillus pluton*）是引起意蜂欧洲幼虫腐臭病的病原菌，但他未能培养出菌株。1957年英国 L. Bailey 培养出菌株并对其特征进行了详细描述，重新命名为蜂房链球菌（*Streptococcus pluton*）。1982年L. Bailey 重新将它划入蜜蜂球菌属，并再命名为蜂房蜜蜂球菌（*Melissococcus pluton*）。另外，在欧洲幼虫腐臭病病虫中也能找到其他次生菌，如蜂疫芽孢杆菌（*Bacillus alvei*）、尤瑞狄杆菌（*Bacterium euryidae*）。

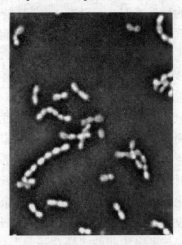

蜂房蜜蜂球菌为革兰氏阳性菌，容易脱色，披针形，单个、成对或链状排列（图3），大小为（0.5～0.7）微米×1.0微米，无芽孢，不耐酸，不活

图3　蜂房蜜蜂球囊菌菌体（相差显微镜1 000倍，代平礼提供）

动，为厌氧至需微量氧的细菌，需要含有二氧化碳的厌氧条件（25%体积）培养。在含有葡萄糖或果糖、酵母浸膏及钠/钾<1的比率、pH 6.5～6.6 的培养基上生长良好，最适生长温度为35 ℃。在平皿上菌落直径为 1 mm，乳白色，边缘光滑，中间透明突起。

（二）流行病学

蜂房蜜蜂球菌能在病虫尸体中存活多年，在粉蜜中能保持长久的毒力。成年工蜂在传播疾病上起重要作用，内勤蜂在清除巢房病虫和粪便时，口器被病菌污染，在哺育幼虫时，将病菌传给健康幼虫。另外，盗蜂、迷蜂巢及养蜂人随意调换子脾、蜜粉脾和蜂箱也可将病菌互相传播。

没有任何一种蜜蜂对欧洲幼虫腐臭病有抵抗力，东方蜜蜂比西方蜜蜂容易感染，尤以中蜂发病较重。这种病在蜜蜂育虫期均可发生，一般在春天达到最高峰，入夏以后发病率下降，秋季有时仍会复发，但病情较轻。各龄未封盖的蜂王、工蜂、雄蜂幼虫均易受感染，一般是 1～2 日龄的幼虫感病，幼虫日龄增大后，就不易感染，成蜂也不感染发病。

（三）症状

患欧洲幼虫腐臭病的幼虫一般 1～2 日龄染病，潜伏期为 2～3 天，3～4 日龄幼虫死亡。刚死亡的幼虫位置错乱，失去正常饱满的状态和光泽，呈苍白色，扁平，以后逐渐变黄，最后呈深褐色。幼虫尸体呈溶解性腐败，因而幼虫的背气管清晰可见，呈放射状。有时病虫在直立期死亡，与盘曲期死亡的幼虫一样逐渐软化，陷塌在巢房底部，尸体残余物无黏性，用镊子挑取时不能拉成细丝。幼虫死亡后很易被工蜂清除而留下空房，这样就形成空房与子房相间的"插花子脾"。也有受感染的幼虫不立即死亡，也不表现任何症状，持续到幼虫封盖期再出现症状，如幼虫房盖凹陷，有时穿孔，受感染的幼虫有许多腐生菌，产生酸臭味。病虫尸体干后形成鳞片，干缩在巢房底，容易移出。

（四）诊断

1. **症状诊断** 从可疑患病蜂群中，若发现上述症状，即可初步诊断为欧洲幼虫腐臭病。

2. **病原诊断** 挑取待检样品少许，加少量无菌生理盐水制成悬浮液，将上述悬浮液1～2滴，滴于干净的载玻片上涂匀，自然风干或置火焰上慢慢干燥，用碱性亚甲蓝染色1～2分钟，置1 000倍显微镜下检查，若在视野中发现许多蓝色的单个、成对成堆或成链的球菌和部分次生杆菌即可初步诊断为欧洲幼虫腐臭病。进一步确诊需分离培养病原，作生化试验鉴定。

3. **分子诊断** 目前已经采用分子生物学方法检测欧洲幼虫腐臭病病原。

（五）防治措施

1. **加强饲养管理** 重视早春的保温，提供充足的饲料，以提高蜂群的抗病能力。

2. **加强预防工作** 平时注意蜂场和蜂群的卫生，对巢脾和蜂具严格消毒。

3. **替换病群蜂王** 先给病群换产卵力强的蜂王，大量补充卵虫脾，可促使工蜂更快清除病虫，恢复蜂群健康。

4. **药物治疗** 欧洲幼虫腐臭病发病频繁，早期不易发现。发病轻的蜂群，周围如有良好蜜源，病情会有好转。重病蜂群需要治疗，治疗用药及休药期注意事项请参见美洲幼虫腐臭病。

三、蜜蜂败血病

败血病（septicemia）是西方蜜蜂的一种成年蜂病害，目前广泛发生于世界各养蜂国。在我国北方沼泽地带，此病时有发生。

（一）病原

病原为蜜蜂假单胞菌（*Pseudomonas apisepticus*）。该菌为多形性杆菌，大小为（0.8~1.5）微米×（0.6~0.7）微米，革兰氏阴性菌，周生鞭毛，运动力强，兼性厌氧，无芽孢。

此菌对外界不良环境抵抗力弱，在阳光和福尔马林蒸气中可存活 7 小时，在蜂尸中可存活 30 天，100 ℃沸水中只能存活 3 分钟。

（二）流行病学

蜜蜂假单胞菌广泛存在于自然界，如污水、土壤中，污水是主要传染源。蜜蜂在沾染或饮用了含有病原菌的污水后即感染病菌，并将病菌带回蜂巢。病菌主要通过接触，由蜜蜂的节间膜、气门侵入体内。

（三）症状

病蜂烦躁不安，不取食，不飞翔，在箱内外爬行，最后抽搐而死。死蜂肌肉迅速腐败，肢体关节处分离，即死蜂的头、胸、腹、翅、足分离，甚至触角及足的各节也分离。病蜂血淋巴变为乳白色，浓稠。

（四）诊断

1. **根据典型症状诊断** 死蜂迅速腐败，肢体分离。取病蜂数只，摘取胸部，挤压出血淋巴呈乳白色。据此可作初步判断。

2. **显微检查** 取病蜂血淋巴涂片镜检，有多形态杆菌，且革兰氏染色阴性。

（五）防治措施

由于污水坑是主要的病源，因此要防止蜜蜂采集污水。为此，蜂场应选在干燥处，并设置清洁水源；蜂群内注意通风降湿。

四、蜜蜂副伤寒病

蜜蜂副伤寒病（honeybee paratyphoid disease）是西方蜜蜂的一种成年蜂病害，世界许多养蜂国都有发生。我国东北地区较多，常在冬末发生，特别是阴雨潮湿天气较重，严重影响蜂群越冬和春繁。

（一）病原

病原为蜂房哈夫尼菌（*Hafnia alvei*），菌体为两端钝圆的小杆菌，大小为（1～2）微米×（0.3～0.5）微米，革兰氏阴性菌，不形成芽孢。在肉膏蛋白胨培养基上培养 24 小时，菌落针尖大，浅蓝色，半透明；在马铃薯培养基上形成淡棕色的菌落。

（二）流行病学

污水坑是箱外的传染源，病原菌可在污水坑中营腐生生活。蜜蜂沾染或饮用了含菌的污水后感病。被病蜂粪便污染的饲料和巢脾是巢内主要的传播媒介。试验研究表明，从寄生病蛹上的大蜂螨的血淋巴及唾液腺中均检查到哈夫尼菌，大蜂螨还可将病菌传染给健康蛹，健康蛹感病的概率随蛹体上寄生螨数的增多而提高，当有 1 只螨寄生时，有 16.7％的蛹感染，2 只时感染率为 30.7％，4 只时达 81.8％，7 只时达 95.0％。

（三）症状

病蜂腹胀，行动迟缓，不能飞翔，下痢。拉取病蜂消化道观察，中肠灰白色，中、后肠膨大，后肠积满棕黄色粪便。

（四）诊断

由于病蜂无特殊的症状，很难从外表直接诊断。须结合显微观察和分离培养出病原菌才能确诊。取病蜂消化道内容物作简单染色显微观察，如见有许多小型多形态的杆菌，可作出初步诊断。

（五）防治措施

该病以预防为主。选择干燥的地方放置蜂群，留足优质越冬饲料，蜂场设置清洁的水源，晴暖天气促蜂排泄。

第四章

蜜 蜂 真 菌 病

一、蜜蜂黄曲霉病

（一）病原

蜜蜂黄曲霉病是由黄曲霉菌引起的一类真菌病害，该菌属半知菌亚门。但也有发现蜜蜂黄曲霉病由黄曲霉（*Aspergillus flavus*）或由不常出现的烟曲霉（*Aspergillus fumingatus*）引起。除此之外，还有一些曲霉与蜜蜂病害有关，Morgenthaler（1927）描述过黑曲霉能引起蜜蜂曲霉病；Burnside（1930）发现黄曲霉（*A. flavus*）、烟曲霉（*A. fumigatus*）、巢状曲霉（*A. nidulans*）、灰褐曲霉、油绿曲霉以及米曲霉（*A. oryzae*）变种、寄生曲霉（*A. parasiticus*）、黄曲霉—米曲霉群（*A. flavusoryzae*）在试验性接种时会杀死蜜蜂。

Messen（1906）等在德国首次描述了黄曲霉病（stone brood）。目前主要分布于欧洲、北美、委内瑞拉、中国，现仅发生于西方蜜蜂。黄曲霉菌在自然界分布很广，生命力很强，在人工培养条件下，经过10～14天，菌落直径可达6～7厘米。分生孢子梗长0.4～0.7毫米，直径10微米，有时有分隔，顶囊圆球形或棒形，直径30～40微米，小梗单层或双层，不分枝，长20微米，直径6微米，分生孢子球形，表面光滑，直径4～8微米，成易断裂的链状。

（二）症状与诊断

1. **症状** 蜜蜂黄曲霉病是由黄曲霉菌引起的蜜蜂传染病，该病不仅造成幼虫死亡，还可使蛹和成蜂染病，最常见的是幼虫和蛹发病。其典型的症状为硬石状，因此，也称为结石病或石蜂子。该病菌感染蜜蜂成蜂后，不易被察觉，而且大部分感染的为青壮年蜂，在外出采集过程就已死亡或迷巢不能回来，因此，在巢外不易发现病蜂。成蜂感染该病初期，最显著的症状是，工蜂不正常地骚动，瘫痪，腹部通常肿大，病蜂无力，孢子在头部附近形成最早最多，继而呈现不安和虚弱，行动迟缓，失去飞行能力，多爬出巢门而死去。蜜蜂死亡后身体变硬，在潮湿条件下，可见腹节处穿出菌丝。死蜂腹部常表现与幼虫整个体躯相似的干硬，死蜂不腐烂，而感染该菌的幼虫和蛹死亡后最初呈苍白色，后变成淡褐色或黄绿色，以后逐渐变硬，僵硬如石，形成一块坚硬的石子状物，表面长满菌丝和黄绿色的孢子，充满整个巢房或巢房的一半，若轻轻微振动，就会四处飞散。气生菌丝会将虫尸与巢房壁紧连在一起。患黄曲霉病的幼虫可能是封盖的，也可能是未封盖的，病原菌有时也会侵染蛹。

2. **诊断** 当可疑蜂群患黄曲霉病时，可挑取少许枯虫尸的表层物，置于载玻片上，再加一滴蒸馏水，放在显微镜下进行检查，根据上述病菌的形态结合实图进行鉴定。但在诊断时，有时易与白垩病相混淆。其不同之处在于黄曲霉病能够使幼虫、蛹和成蜂均发病，而白垩病只引起幼虫发病。

（三）防治措施

1964 年夏末，福建莆田一带首先发现蜜蜂黄曲霉病，并给一些蜂场造成空前的损失。高温、潮湿是促使蜜蜂黄曲霉病发生的主要因素，因此，该病多发生于夏、秋多雨季节。蜜蜂黄曲霉病主要通过落入蜂蜜或花粉中的黄曲霉孢子而传播。

由于黄曲霉菌在产生毒素的同时，这种毒素已进入周围的环境中，该毒素经高温加热不会被破坏，而有人认为黄曲霉素会造成蜜蜂死亡。高温潮湿有利于黄曲霉菌繁殖，是本病发生的诱因，被黄曲霉菌污染严重的蜜、粉脾不能作为饲料喂蜂。黄曲霉菌一般不会引起健康蜂群发病，只有当某些原因造成蜂群抵抗力降低时才会感染此病。黄曲霉孢子在空气中到处飞扬，污染饲料等，贮藏的饲料、食品的湿度高于15％，是孢子萌发的最适条件。黄曲霉菌的孢子能在蜜蜂幼虫的表皮萌生，长出的菌丝体穿透到皮下组织中去，并产生气生菌丝和分生孢子，引起幼虫死亡。除此之外，孢子落入蜂蜜和花粉中被蜜蜂吞食后，在蜜蜂的消化道萌发，形成菌丝，穿透肠壁，破坏组织引起蜜蜂死亡。

1. **蜂群预防**　注意通风降湿，以含水量22％以下的蜂蜜为饲料，并注意药物预防和及早控制其他病害。春季做好保温，增强蜂群本身的抗病能力。

2. **已发病的蜂群主要防治措施**

① 要更换被污染的蜂箱、巢脾等。

② 换新王，放新脾。

③ 发病严重的病脾包括蜜脾和粉脾可考虑烧毁。

④ 可用0.1％的灰黄霉素加入糖浆饲喂蜜蜂或喷治病脾2～3次，或者加入花粉中进行饲喂，连续饲喂或喷治一周。

⑤ 用过的巢脾（花粉脾或蜜脾）要及时消毒，有死幼虫的病脾要化蜡处理，粉、蜜脾要用二氧化硫熏蒸处理。

⑥感染较轻的蜂群也可采用中药进行防治，其药方为：鱼腥草15克，蒲公英15克，筋骨草5克，山海螺8克，桔梗5克加水煎汁，配制成糖浆，可喂1群蜂（8框左右）。隔日1次，连喂5次。

注意：在做换箱、换脾、消毒蜂箱时，操作者要戴眼镜、口罩，防止黄曲霉菌吸入鼻腔或污染眼睛和口腔黏膜，已证明黄曲霉菌能在人的鼻腔内生长。从黄曲霉菌病的蜂群取得的蜂产品，人和其他动物均不能食用。

二、蜜蜂白垩病

蜜蜂白垩病（halkbrood disease）又称"石灰子病"，是侵染蜜蜂幼虫的一种顽固性传染病。世界各地许多国家均有见发生，我国于 20 世纪 80 年代末至 90 年代初期发现此病，后逐渐传染至全国，成为我国西方蜜蜂中一种主要的幼虫病。虽然该病不能造成蜂群全群覆灭，但可造成幼虫大量死亡使群势下降影响蜂群的发展和蜂产品的产量。

（一）病原

蜜蜂白垩病的病原为蜂球囊菌（*Asosphaera apis*），属真菌子囊菌纲。蜂球囊菌可形成充满孢囊孢子的孢囊，这种孢囊孢子生命力极强，在干燥状态下可存活 15 年以上。

（二）症状与诊断

① 发病初期，被侵染的幼虫体色不变，为无头白色幼虫。

② 发病中期，幼虫身体柔软膨胀，体表开始长满白色的菌丝。

③ 发病后期，病虫尸体逐渐失水萎缩变硬，最终成为白色或黑色石灰状硬块。

④ 染病的蜂群巢门前及蜂箱底部均可见工蜂脱出的石灰状幼虫尸体。

⑤ 挑取一点这种石灰状幼虫尸体的表层物涂于载玻片上，加一滴生理盐水，在低倍显微镜下可见大量白色菌丝及球形孢囊和散出的椭圆形孢囊孢子。

（三）传播途径及发病规律

白垩病主要的传染源包括：病虫尸体，带有病菌的成年蜜蜂，曾有患病且未经严格消毒的巢脾，混有病原且未经消毒的花粉。此外，蜂螨也可成为病原的传播者。

该病的发生与流行主要和天气情况有关，多雨潮湿、温度波动频繁都会导致病害的发生，因此，一般春末夏初白垩病较易发生。

花粉缺乏、贮蜜的含水量过高均可加重病情的发生与流行。

一般发病首先发生于子脾的边缘和雄蜂幼虫，然后逐渐向中心扩展。主要原因还是与子脾边缘温度变化较大、幼虫抗病性差有关。

（四）防治措施

1. 加强饲养管理

① 蜂场应选择地势高、光照充足、干燥通风的地方。

② 要保持蜂箱通风干燥，适时晒箱以降低蜂箱内的湿度。

③ 饲养强群，合并弱群，做到蜂多于脾，以维持蜂群内正常的巢温和清巢能力。

④ 定期更换蜂箱及巢脾并对其消毒，以消除传染源，老脾应尽量淘汰化蜡。

⑤ 春繁期应选用优质的饲料，避免使用陈旧霉变的花粉或来路不明的饲料。

⑥ 选用抗病蜂种，提高蜂群抗病性。如今已有商品化的抗白垩病蜂王，可有针对性的购买。

⑦ 及时治螨，以减少病原的传播。

⑧ 要适时对蜂场、蜂具及饲料等进行全面彻底的消毒，尤其在越冬前和春繁期，以彻底消灭残存的病源。

适时预防，对于白垩病多发蜂场，每年春繁期及潮湿阴冷的季节都要及时进行药物预防。预防药物的剂量一般是治疗剂量的一半。

2. 药物防治

特别注意：由于任何药物的使用都会造成蜂巢中蜂产品的残留污染，影响蜂产品的质量，因此，在生产季节严禁用药，如必须用药，则用药蜂群的蜂产品不得用作商品，只可用于蜂群饲料。一般停药期控制在生产期前一个月。

① 杀白灵，由中国农业科学院蜜蜂研究所研制，专用于蜜蜂白垩病的预防与治疗。具体使用方法见使用说明。

② 制霉菌素，每群蜂用药 5 万国际单位，溶于 1 千克糖水中，喷喂结合，每隔 1 天喷喂一次，4 次为一个疗程。

③ 大黄苏打片 5 片，溶于 2 千克糖水中，饲喂，每群蜂 100 克，每天 1 次，7 天为一个疗程。

④ 金银花、红花、黄连、大青叶、苦参各 15 克，大黄、甘草各 10 克，煎成药汁，加入 0.5 千克糖水中，饲喂，可用于 10 个群蜂，每天 1 次，3~5 天为一个疗程。

⑤ 应用蜂胶也有一定的疗效，将 10 克蜂胶浸泡于 40 毫升 95％酒精中，6 天后过滤去渣，再加入 100 毫升 50 ℃热水中过滤，将巢脾脱蜂后喷脾，每脾 50 毫升，每天 1 次，7 次为一个疗程。

三、蜜蜂螺原体病

（一）病原

蜜蜂螺原体病（honeybee spiroplasmosis）的病原为蜜蜂螺原体（*Spiuoplasma melliferum*），一种螺旋状、能运动、无细胞壁的原核生物。经分离试验发现，该病原广泛存在于油菜、刺槐等蜜粉源植物的花中。因此，有可能蜜蜂是在采集花蜜时将病原带回了蜂场并导致蜂群发病。植物花上的螺原体很多，有的致病，有的不致病，当气候因素适宜，特别是阴雨潮湿、通风不良、高温闷热时，螺原体随蜜蜂采集时进入体内，而且在微孢子虫病发病的蜂群很容易并发。因此，植物花上的螺原体与蜜蜂体内的螺原体有密切关系。

（二）流行及危害

蜜蜂螺原体病多发于西方蜜蜂。近些年来，该病在浙江等地流行，因病情较轻，且多与孢子虫病并发，所以常被归为微孢子虫病，而未能引起重视。地域上通常南方发病比北方严重，逐渐由南向北蔓延；发病时间通常秋冬相对较轻，春夏季由于雨水多，发病相对较重；高温多雨地区比干旱少雨地区严重；弱群发病较强群严重。

该病来势凶猛，危害严重，患病蜂群轻者群势下降，重者全群覆没，严重威胁着我国养蜂生产的发展。

（三）症状与诊断

1. **症状** 该病只发生于成年蜜蜂，病蜂腹部膨大，行动迟缓、翅下垂，失去飞翔能力，行动迟缓，只能在蜂箱周围爬行，有的成堆聚集在附近的草丛中。

个别蜜蜂双翅展开，吻突出酷似中毒；拉出中肠可见中肠环纹消失，肿胀发白，后肠充满粪便。

2. **诊断** 由于蜜蜂螺原体病常和蜜蜂孢子虫、麻痹病混合感染，且在外部症状上均表现出成年蜜蜂爬蜂，所以单从症状上较难区分。需结合显微镜检测才能确诊：取病蜂若干只，用无菌水研磨成匀浆，置于离心机中1 000转/分离心5分钟，取上清液在1 500倍暗视野显微镜下观察，若见大量晃动的亮点在原地旋转或摇动，即可确诊为蜜蜂螺原体病。

（1）形态学检测 蜜蜂螺原体病的病原是螺原体，将病蜂样品匀浆，5 000转/分离心5分钟后取上清液涂片，置1 500倍相差显微镜下观察，在暗视野中可见到晃动的，拖有一条丝状体，并原地旋转的菌体即可诊断为该病。

（2）分子生物学检测　可以采用分子生物学方法进行检测，该方法可用于螺原体的种间鉴定。

（四）防治措施

1. **加强饲养管理**　饲养强群，留足优质饲料，春季注意保温并确保通气良好，以防止蜂箱内过于潮湿，及时将陈旧的巢脾更换化蜡，秋季要定期对巢脾和蜂具进行消毒。

2. **选育抗病品种**　从平常相对抗病性较强的蜂群选育抗病蜂王，替换抗病性差的蜂王，及时淘汰老蜂王。

3. **药物防治**　由于蜜蜂螺原体病多与其他一些病害同时发生，所以单用一种药物防治效果较差，必须几种药物同时使用，如抗蜂病毒1号、红霉素同时使用，中试1号与中试2号要交替使用。

第五章

蜜蜂病毒病

　　病毒是一种由核酸与蛋白质或仅由蛋白质构成的非细胞型病原，病毒的衣壳蛋白组成二十面体空间结构。病毒个体微小，结构简单，完全寄生，并不具备大多数微生物自我吸收营养的方式繁殖。病毒具有自己的遗传基因组，该遗传基因组在宿主细胞内，当病毒感染细胞后，病毒完全利用寄主细胞的不同细胞器，来复制自己的元件。大多情况下，只要感染的细胞还存活，细胞就不会出现明显的变化，但是细胞将慢慢呈现损伤，变形，最后导致死亡，而释放新的病毒粒子。这些病毒粒子太小不能用肉眼观察，在普通显微镜下几乎看不见，只能在电子显微镜下才能看到，其形状主要为球形、杆状和不规则形态。

　　昆虫能被多种类型的病毒感染，并且大部分病毒是寄主特异性的或者是有限的寄主个体，其中一部分也会感染蜜蜂。蜜蜂病毒病具有感染不易发现，潜伏期长等特点。大部分蜜蜂病毒都是小 RNA 病毒，不具有包膜结构，属于小核糖核酸 RNA 病毒科，由于其病毒的感染具有较强的潜伏性，病毒具有较强的存活能力，因此，对蜜蜂的健康构成了极大的危害。至今已发现超过 20 种病毒能够感染蜜蜂并具有较强的致病性。本章中只介绍我国分布最广且危害较为严重的主要蜜蜂病毒。

一、蜜蜂残翅病毒

（一）病原

蜜蜂残翅病毒首次分离自日本病蜂，自此世界各地都报道了该病毒的发生与分布。该病毒不但能感染意大利蜜蜂也能感染中华蜜蜂。能引起蜜蜂的翅发育不全或畸形，无法呈现正常的平整状态，造成蜜蜂不能飞翔。蜜蜂残翅病毒为正义单链 RNA 病毒，属于传染性软腐病病毒属，其毒株的基因组其结构是含有两个大的开放阅读框（ORF），即 ORF_1 和 ORF_2，其重要的结构蛋白都位于 ORF_2 上。现全球已获得超过 100 个毒株，但其毒株的致病性具有明显的差异性。

（二）症状与诊断

该病毒是已知蜜蜂病毒中研究最为广泛的病毒之一。其感染后的蜜蜂个体变小，翅膀残缺不齐，失去体色。主要感染新出房的工蜂，其翅是不完整或畸形的，不能飞翔，在巢门前爬行。除了感染成蜂，也会感染卵、幼虫、蛹，当蛹感染时，并不会使蛹死亡，而是等工蜂出房后不久才致死。病毒也分布于感染个体的不同组织，如肠、精囊和卵巢等器官。其最典型症状为蜜蜂成蜂的翅残缺不完整，其体形变小，失去正常颜色，而与残翅病毒最为紧密的还有狄斯瓦螨，俗称大蜂螨。一般情况下，此类病毒的蜂群一定能够发现大蜂螨的危害。剥开幼虫体表或蛹巢房能发现蜂螨在幼虫或蛹的身体上，如发现螨害严重，大多时候已经感染残翅病毒。显微镜下能观察到形状为二十面体，大小为 30 纳米的病毒粒子。在前期研究与调查中，发现该病毒在我国分布并不大，主要发生于意大利蜜蜂，且与螨有紧密的关系。

（三）防治措施

由于此病毒能与螨紧密互作，在上一年越冬前处理螨的过程中，一定要彻底杀螨。在残翅病毒感染早期可以采取杀螨或换王的方式，阻止病毒进一步传播与扩散；也可以将弱群合并应强群中饲养，增加蜂群的整体抵抗力。尽量减少蜂具及蜂粮在蜂群间的共用率，尤其是感染严重的蜂群的巢框、巢脾、蜜脾及蜂刷不要放入其他健康或染病较轻的蜂群，以防带入感染源。当残翅病毒感染非常严重时，可将整箱蜜蜂进行搬离原场（也要远离其他蜂箱或蜂场）或销毁。同时，为了整体蜂群的健康，不能判别症状时禁止乱用药。

二、慢性麻痹病毒

蜜蜂慢性麻痹病毒是主要感染成蜂的一种病毒病，近几年对蜂群的影响更为严重，麻痹是蜜蜂感染病毒的最常见症状之一。通常是感染病毒的蜜蜂的翅与身体会出现不正常颤抖，船状的腹部及错位的翅膀，而这些蜂经常在地上或草地上爬，偶尔大量聚集在蜂箱顶部。慢性麻痹病毒有两种不同的感染型，即黑亮型和大肚型。

（一）黑亮型

1. **病原**　蜜蜂慢性麻痹病毒也是一种正义单链小 RNA 病毒，目前由于慢性麻痹病毒的结构与功能尚未完全解析，并且其病毒粒子的大小与形状也与其他蜜蜂小 RNA 病毒不相近，因此，国际病毒分类委员会在其病毒的种属分类上至今未归入任何科属，其粒子直径大小一般为 17 纳米。其毒株基因组主要是由 2 个 RNA 分子片段组成，为 RNA 1 与 RNA 2。虽然其具体原因不清楚，但是有试验已证实，不同的蜂种对慢性麻痹病毒的敏感程度不同，产生的症状也不尽相同。该病毒在我国分布较为广泛，意大利蜜蜂与中华蜜蜂感染率都较高，且潜伏期较长，不易观察发现，当可见症状时，蜂群感染已相当严重。

2. **症状与诊断** 该病毒主要感染成蜂，在过去主要发生于春末或秋初，现在发生并流行于春初、秋末或冬初。其典型症状为背腹部油黑发亮，绒毛脱落，实际生产过程中，也常称为"黑盗蜂"或"亮黑蜂"，很容易被蜂群的其他蜂认为盗蜂。感染此病毒的蜂开始能够飞翔，随着病毒的感染，体毛慢慢脱落，体色发黑，而个体也渐渐变小但腹部膨大。主要在蜂箱门前及附近进行爬行，不能飞翔，或大部分在巢框上爬行，几天后随着感染的加重而死亡。同时，拥挤的环境接触及交哺行为都能增加病毒的感染概率，显微镜下的病毒粒子为不规则形，大小约为28纳米。

3. **防治措施** 该病毒由于其潜伏期长，不易发现，当发现典型症状时，已危害严重。在防治上，要注意保温及干燥，尤其是早春时，加强保温。另外，要注意饲料及蜂粮的卫生，当饲喂花粉时应先经过辐照或其他类似的方法杀菌。在感染初期，如发现有爬蜂但症状不明显时，可拉出蜜蜂的中肠，观察其中肠是否正常，如发现环纹消失或发现微孢子虫感染，要及时处理蜂群。发现蜂群感染严重，要及时换王或销毁严重蜂群。同时，与蜂群的饲料质量与气候湿度有着较为密切的关系，提高较高质量的饲料与保持巢箱的干净、干燥也利于防治该病毒的发生与流行。

（二）大肚型

1. **病原** 其病原于黑亮型相同。由于其病毒的分子生物学特点、基因结构及分类尚未完全理解，因此，不能判断其导致不同症状的原因。虽然病与黑亮型慢性麻痹病毒相同，但是其全基因组组成上一定有差异或是致病性上不同于黑亮型。

2. **症状与诊断** 大肚型是此类病毒感染蜜蜂的典型症状，但实际观察中要与痢疾病相区别，痢疾的主要症状是排便相对于大肚型较稀，拉出中肠后即可分辨。感染此病毒的病蜂腹部明显膨大，不能消化，在巢门前或蜂箱附近缓慢爬行，不能飞翔，在爬行过程中翅和身体经常性颤抖，有时一些蜂会在蜂箱顶部结团，拉出中肠后可见黄色液体、黑褐色或水样状液体。

3. **防治措施** 其主要防治措施同黑亮型。同时，发病与蜂群的饲料质量与气候湿度有着较为密切的关系，提高饲料的质量与保持巢箱的干净、干燥也利于控制该病毒的发生与流行。蜜源的质量也与该病有很大关系，蜜源缺乏时，蜜蜂大量采集甘露蜜也会引起该病毒的潜伏与发生。

三、黑蜂王台病毒

（一）病原

蜜蜂黑蜂王台病是由黑蜂王台病毒引起的一种感染蜂王的小RNA病毒。在病毒分类学上，属于双顺反子病毒科，蟋蟀麻痹病毒属，其病毒粒子大小为 30 纳米。其毒株基因组在 8 600 nt。

（二）症状与诊断

黑蜂王台病毒于 1977 年第一次被分离自死蜂王幼虫和预蛹。最初发现该病时，在蜂王幼虫的巢房里，死亡的幼虫为黑色，其巢房也为深黑色，主要发生于春季与初夏，蜂群大量繁殖与育王生产期。在感染此病毒的初期，染病的幼虫呈现灰黄色，然后呈囊状形，类似于囊状幼虫病的症状。该病毒在蜜蜂的蛹期快速增殖，导致感染的蛹快速变黑，而加速其死亡。工蜂也能感染黑蜂王台病毒，但是通常不会引起外部典型的症状。在我国，黑蜂王台病毒主要发生于春、夏季。黑蜂王台病毒与蜜蜂微孢子虫及狄斯瓦螨紧密相关，另外狄斯瓦螨被证实是黑蜂王台病毒的重要载体，当发现有螨或拉开蜜蜂中肠可见微孢子时，要及时防治。

（三）防治措施

由于近年来黑蜂王台病在我国流行范围较广，危害较大，并且大部分情况下均建立隐性持续性感染，当遇到其他压力因素，如蜂螨或微孢子虫，会出现大量爬蜂的现象。当前蜂群实际感染黑蜂王台病相当普遍，工蜂尤其突出，症状不如以前那样明显，幼虫感染的概率相对较小。当发现疑似蜂群，可将蜂样送检，采用分子手段进行检测并进一步确认。首先，发现巢房与幼虫有变黑的症状，应立即换王，将原有幼虫脾移出隔离或销毁。其次，重点检查蜂群是否感染微孢子虫，如果镜检发现感染了微孢子虫，应立即采取饲喂柠檬酸或米醋等方法防治。同时，在饲喂其花粉时，一定要将花粉先消毒，尤其是春季的湿冷天气，必须保证花粉的卫生质量，且保证巢箱的干燥。

四、蜜蜂丝状病毒

（一）病原

蜜蜂丝状病毒是感染蜜蜂的 DNA 病毒，是唯一已知能够自然感染蜜蜂的 DNA 病毒，且在病毒学分类上暂未分类。在本研究团队的前期调查研究过程中，发现蜜蜂丝状病毒在蜂群中有较高的流行率，无论是意大利蜜蜂还是中华蜜蜂都可感染，且大部分为隐性感染。该病毒于 1977 年首次在美国发现，其形状呈线或丝状，病毒粒子大小为 0.30～0.47 微米。

（二）症状与诊断

感染此病毒的蜜蜂不能飞翔，在巢门口附近乱爬，多发病于春季或秋季。蜜蜂血淋巴呈乳白色，当取少量置于显微镜下，可见血淋巴充满了小颗粒，这些小颗粒的形状从圆形到棒形，含有细丝。感染此病毒的蜜蜂初期的表观特征类似于立克次体，其体内充满病毒粒子，能够在相差显微镜下观察到，在感染严重后期能观察到丝状的病毒粒子。病毒粒子能够感染各组织，如卵巢、脂肪体等。而新出房的工蜂经注射或饲喂病毒粒子 5 天后，其血淋巴出现乳状色。

（三）防治措施

由于蜜蜂的 DNA 病毒相对 RNA 病毒而言了解得太少，而且其基因组结构尚未完全解析，现无有效的防控措施。研究表明，此病毒与微孢子虫有关，微孢子虫与丝状病毒共同感染将加快蜂群的死亡。在春季与早夏时，要注意保温与饲料的充足，以增强蜂群的抵抗力，大多情况下，健康的蜂群感染该病毒不会引起很大的损失，但多数情况下在死亡的蜜蜂中可以检测到该病毒。

五、KaKugo 病毒

（一）病原

该病毒首次在日本守卫蜂的头部分离获得，属于传染性软化病毒属。其病毒结构总长约 11 000 nt，粒子大小类似于残翅病毒，约 30 纳米。

（二）症状与诊断

该病毒最明显的特征是巢门口的守卫蜂，尤其是注意观察守卫蜂的行为，如发现攻击性较强的蜜蜂，多数为感染了此病毒。或者，当管理人员检查某一群蜂时，发现某一群蜂易攻击人，尤其是在蜜、粉充足的情况下，具有较强攻击性的蜂群很可能感染了此病毒。

（三）防治措施

此病毒主要是由于感染蜜蜂的脑部神经基因的变化引起的，至目前为止并无有效的防治药物。另外，由于该病毒与残翅病毒在遗传结构上紧密相关，因此，在饲养管理上，加强螨害的防治，如发现有蜂螨的发生，立即采取药物治疗蜂螨。

六、以色列急性麻痹病毒

（一）病原

以色列急性麻痹病毒于 2002 年首次在以色列死蜂中分离到，属于双顺反子病毒科。病毒粒子 28～30 纳米，二十面体状。在全世界现已发现 20 个以上的毒株，不同毒株间的致病力差异性较大。

（二）症状与诊断

感染以色列急性麻痹病毒的蜜蜂，其典型症状为颤抖，乱爬，不能飞翔，进而蜜蜂出现麻痹症状，尤其是清晰可见蜜蜂的足麻痹颤抖，进而其身体变黑，体毛脱光。大部分为巢门口或草地上爬行的蜜蜂，会出现麻痹、抽搐行为，多为以色列急性麻痹病毒的感染。

（三）防治措施

虽然以色列急性麻痹病毒在我国并不是危害蜜蜂的主要病原，但是在最近的病原调查中发现，以色列急性麻痹病毒的感染率不断提高。最主要的防治措施是加强饲养管理，强群饲养，增加群体抵抗力。其次是饲喂 dsRNA 为主要制剂的生物防治药物，但是其成本较高。

七、中华蜜蜂囊状幼虫病毒

（一）病原

中华蜜蜂囊状幼虫病毒是囊状幼虫病毒的一个毒株。囊状幼虫病毒主要有西方蜜蜂囊状幼虫病毒、中蜂囊状幼虫病毒与泰国囊状幼虫病毒。该病毒粒子呈球形，粒子大小约为 30 纳米，在我国构成严重危害的感染中华蜜蜂幼虫的一种病毒，基因组大小约为 8 900 nt。

（二）症状与诊断

该病毒最初于 1971 年在我国广东发生并流行。此病毒最典型的症状是导致感染的幼虫具有囊状水样外观。而感染此病毒的幼虫不能化蛹，虫体的颜色是由白色到淡黄色，最后变成棕褐色而死亡。大日龄幼虫在感染此病毒后，头部上翘，体表失去光泽。另一个典型的症状是整个子脾容易出现"花子"。

（三）防治措施

此病毒为当前中华蜜蜂最为严重的病害。当感染初期不严重时发现，可采取中草药半枝莲（50 克）与金银花（50 克）煎熬后，将药汁与糖水（1∶1）饲喂蜜蜂，饲喂 4～5 次后观察其治疗效果，如果有效，再继续饲喂 2～3 次。其次，在早春时，营养饲料必须充足，加强群势，增加抵抗力，如分群蜂感染囊状幼虫病，应将多个弱群合并后组成强群饲养，如果仍无效时，应立即换王，改变子一代感染的情况。当发现蜂群感染此病毒非常严重时，子脾呈现幼虫分布不均，"花子"现象特别严重时，应隔离蜂群，将病群搬离原场，禁止将病群的子脾、巢框等设备移入健康群进行使用。

八、其他能够感染蜜蜂的病毒

（一）Bee virus X

该病毒不易在现实中发现，而且没有明显的症状，主要发生于冬季的蜂群。但是现无实验数据表明蜂群的下降与该病毒有关。

（二）Bee virus Y

此病毒首次分离自英国的死亡成蜂。此病毒感染并不会引起明显的症状，而且会与微孢子虫的感染同时发生，也会引起部分麻痹症状。

（三）云翅病毒

该病毒的典型症状是感染此病毒的蜜蜂翅失去透明色，随后几天里慢慢加重而不能飞行，最后导致死亡。此病毒主要发生在欧洲，而在亚洲及我国的报道相对较少。

（四）多病毒感染

在蜂场的实地蜂样中，很少有单一病毒感染的情况发现，大多数为多个病毒共同感染蜂群，至少是 2 个及以上病毒，尤其是意大利蜜蜂，在最严重的蜂群中可以高达 6 个病毒共同感染；通常情况下，中华蜜蜂一般为 2 个病毒共同感染。而共感染的情况也发生于蜂王个体中。表 2、表 3 为笔者团队做的部分省份的蜂群病毒感染情况。

表 2　意大利蜂群病毒的共感染情况

病毒数量	联合感染类型	卡方检验（df＝1）	P 值
2	BQCV；KV	1.81	0.18
	BQCV；CBPV	0.22	0.64
	CBPV；DWV	0.51	0.48
	BQCV；DWV	1.82	0.18
	BQCV；AmFV	0.42	0.48
	IAPV；DWV	0.05	0.18

（续）

病毒数量	联合感染类型	卡方检验（df=1）	P 值
3	BQCV；AmFV；KV	2.56	0.11
	BQCV；CBPV；DWV	2.56	0.11
	BQCV；CBPV；AmFV	1.01	0.32
	BQCV；CSBV；CBPV	2.56	0.11
	IAPV；SBV；CSBV	1.01	0.32
	IAPV；SBV；CBPV	0.19	0.66
	IAPV；DWV；VDV-1	1.01	0.32
4	IAPV；SBV；CSBV；DWV	0.0026	0.95
	IAPV；BQCV；DWV；VDV-1	12.61	3.8×10^{-4}
5	IAPV；DWV；VDV-1；CBPV；AmFV	4.61	0.031
	IAPV；SBV；BQCV；DWV；CSBV	4.61	0.031
6	IAPV；BQCV；CBPV；DWV；VDV-1；AmFV	18.88	$<10^{-5}$

表3　中华蜜蜂蜂群的病毒共感染情况

病毒数量	联合感染	卡方检验（df=1）	P 值
2	BQCV；AmFV	10^{-4}	0.02
	BQCV；CSBV	10^{-4}	0.02
	SBV；CSBV	0.061	0.19
	BQCV；DWV	$<10^{-5}$	0.004
	BQCV；CBPV	10^{-4}	0.02
3	BQCV；CSBV；KV	0.04	0.15
	SBV；CSBV；AmFV	0.04	0.15
	IAPV；SBV；CSBV	0.04	0.15

第六章

蜜蜂原生动物病

一、微孢子虫病

蜜蜂孢子虫病病原是蜜蜂孢子虫，属于微孢子虫纲，微孢子虫目，微孢子虫科，微孢子虫属，蜜蜂孢子虫（*Nosema Apis Zander*）。只侵染蜜蜂各个日龄的成蜂，不侵染卵、幼虫和蛹。

（一）分布与危害

蜜蜂孢子虫病（nosema disease），又称微粒子病，是成年蜂一种常见的消化道传染病。蜜蜂孢子虫不感染卵、幼虫和蛹，寄生在蜜蜂中肠上皮细胞内，蜜蜂正常消化机能遭到破坏，患病蜜蜂寿命很短，很快衰弱、死亡，采集力和腺体分泌能力明显降低，对养蜂生产影响较大。同时它由于中肠受到破坏，其他病原物更容易侵染蜜蜂，进而造成并发症。孢子虫不但侵染西方蜜蜂也侵染东方蜜蜂，但东方蜜蜂尚未发现流行病。

20 世纪 50 年代初中国就有疑似病例的存在。1957 年，蜜蜂孢子虫病在浙江省的江山、临海等县呈地方性流行，发病率达70%，死亡率较高。进入 20 世纪 70 年代后，蜜蜂孢子虫病已经传遍全国各地，危害比较严重。随后几年通过养蜂工作者们的努力，对蜜蜂孢子虫病研究的深入发现，通过加强饲养管理，配合适当消毒和药物治疗，能够使孢子虫病的发病率大大降低。但是这几年来，在我国，孢子虫的危害有扩大的趋势，尤其是在早春和晚秋时节，通过对全国各地的近千份样品进行的检测发现，3～5月各地寄来的病蜂样品多数与孢子虫有关。

（二）形态特征

蜜蜂孢子虫长椭圆形，米粒状，长4～6微米，宽2～3微米（不同发育阶段大小不同），外壁为孢子膜，膜厚度均匀，表面光滑，具有高度折光性，孢子内藏卷成螺旋形的极丝。完全靠蜜蜂体液进行营养发育和繁殖。

（三）生活史及生活习性

蜜蜂孢子虫繁殖方式有两种：无性繁殖和孢子生殖。在蜜蜂体外时以孢子形态存活，发育周期比较短，约48小时即可完成一个生活周期，无性繁殖经过孢子放出极丝形成游走体—单核裂殖体—双核裂殖体—多核裂殖体—双核裂殖子—初生孢子—成熟孢子。孢子生殖方式，即1个孢子直接分裂形成2个孢子。

蜜蜂孢子虫对成年蜜蜂和刚出房的幼蜂都有感染能力。在31～32℃下，成年蜜蜂吞食到孢子后，36小时即可受到感染，刚出房的幼年蜂47小时就能被感染，孢子最初侵入中肠后端的上皮细胞内，感染时间越长，受害越重，到86小时后中肠后端的上皮细胞几乎全被孢子虫所充满。

和其他原生动物一样，孢子虫对外界不良环境的抵抗能力极强。在蜜蜂粪便中可以存活2年；在自来水中可存活113天；在60℃的蜂蜜中可存活15分钟；在高温水蒸气下1分钟就会死亡，在4%的甲醛溶液中（25℃）能存活1小时；在2%氢氧化钠溶液中（37℃）仅能存活15分钟；用甲醛或冰醋酸处理1分钟就可以将孢子虫孢子杀死；在直射的阳光下15～32小时才能杀死孢子；在10%的漂白粉溶液里，需10～12小时才能杀死；而在1%的石炭酸溶液中，只需10分钟就可杀死。

（四）传播途径

当蜜蜂进行清理、取食或采集时，孢子虫经口器进入消化道，在中肠上皮细胞内开始发育、繁殖。患病蜜蜂是本病传播蔓延的根源，病蜂排泄含有大量孢子的粪便污染蜂箱、巢脾、蜂蜜、花粉、水源，蜜蜂采集花蜜和花粉时可能也会传播孢子虫。

患病蜜蜂采集的花粉和花蜜有可能带有大量病原，而且是潜在的、危害极大的传染源。蜜蜂孢子虫病的远距离传播，主要是通过蜂产品（主要是花粉）交易、蜂种交换和转地放蜂等做法造成的。

（五）诊断方法

1. 形态学检测

（1）工蜂检查方法　孢子虫病主要作用在蜜蜂的消化系统，中肠病理变化引起的症状比较明显，同健康蜜蜂相比有显著差别，如有可疑蜂群患孢子虫病时，可以取新鲜病蜂数只，剪去头部，用镊子或手夹住蜜蜂尾部末节拖曳即可把蜜蜂中肠取出，仔细观察，如发现蜜蜂中肠膨大，呈乳白色，环纹不清，失去弹性和光泽，即可初步确定为孢子虫病。健康蜜蜂的中肠呈赤褐色，环纹明显，并且具有弹性和光泽。

为了能准确无误的确定病原，还必须做镜检。方法如下：随机取疑似患孢子虫病蜂群中的新鲜病蜂 20 只放在研钵中研碎后加蒸馏水 10 毫升，混匀制成悬浊液，取一滴置于载玻片上，盖上盖玻片在 400 倍显微镜观察，若发现有椭圆形，带有折光性的、米粒状孢子，即可确诊为孢子虫病。

（2）蜂王检查方法　蜂王比工蜂对孢子虫的抵抗能力强，但是依然有可能患此病，如果蜂王患病不但可以传播给蜂群中其他蜜蜂，还会身体衰弱，产卵力下降，给蜂群发展带来极为不利的影响。由于蜂王在蜂群中的特殊性，对蜂王只能采用活体检验法，方法如下：抓取蜂王将其扣在纱笼或玻璃杯中，下垫一张白纸，待蜂王排便后取少许粪便，然后涂片、镜检。检查完成后将蜂王放回原群。

2. 免疫学检测　宿主感染微孢子虫后，由于孢子虫蛋白的特异性，在血清中会产生特异性微孢子虫抗体，可利用间接免疫荧光抗体法或酶联免疫吸附法来检查宿主血清中抗体的相对水平。该方法不但可以检测孢子虫的存在而且还具有种间的特异性。

3. 分子生物学诊断　分子生物学方法应用在蜜蜂微孢子虫上的时间较短，由于蜜蜂微孢子虫的常规诊断方法较为简单有效，所以应用分子生物学方法主要是用来对采集到的微孢子虫进行分类研究。

(1) 蜜蜂微孢子虫 DNA 的分离　由于蜜蜂微孢子虫的孢子壁较厚，因此提取其孢子的 DNA 难度较大。目前常采用获取微孢子虫孢原质后再提取微孢子虫的基因组 DNA。获取微孢子虫孢原质的主要方法是利用孢子在碱性环境等条件下，极丝容易弹出而释放出孢原质的特点。也可采用玻璃珠破碎法或液氮冻融法来获取微孢子虫的孢原质，并最终获得微孢子虫的总 DNA。

(2) 蜜蜂微孢子虫 PCR 鉴定方法　2005 年，Mariano Higes 等利用西方蜜蜂微孢子虫（*N. apis*）的 16S rRNA 基因（U26534，GI857487）设计了一段引物（NOS-FOR：5′-TGC-CGACGATGTGATATGAG-3′/NOS-REV：5′-CACAGCATC-CATTGAAAACG-3′），利用该引物，首次从患病的意大利蜜蜂（*A. mellifera*）中分离鉴定出东方蜜蜂微孢子虫的存在，证明了东方蜜蜂微孢子虫（*N. cerana*）可侵染西方蜜蜂并造成危害。

（六）防治方法及注意事项

1. 加强饲养管理　越冬饲料要求不能含有甘露蜜，北方越冬饲喂越冬饲料前时最好对其做个检查，如果在巢脾上的蜂蜜或花粉中发现有孢子虫则要尽快治疗。春繁饲喂蜂蜜花粉时，尽量不要使用来历不明的花粉饲喂蜜蜂，一定要进行消毒，可以采用煮沸、蒸（不少于10分钟）的方法，虽然可能会对饲料的营养稍有破坏，但是相对来说预防病害更为重要。

通过选育对孢子虫抗性较高的蜂种也是一种好的途径。

2. **消毒** 严格消毒已受污染的蜂具、蜂箱，用2％～3％氢氧化钠溶液清洗，再用火焰喷灯消毒。巢蜜用4％的冰醋酸消毒，收集并焚烧已死亡的病蜂。在春季是孢子虫的高发期，繁殖前应对所有养蜂器具进行彻底消毒，蜂箱、巢框可以用喷灯进行火焰消毒，或者用2％～3％的烧碱（氢氧化钠）溶液清洗也可。

3. **药物防治**

(1) 药物预防 孢子虫在酸性环境中会受到抑制，根据这个特性，在早春繁殖时期可以结合蜂群的饲喂选择柠檬酸、米醋等配制成酸性糖水，1千克糖水中加入柠檬酸1克或米醋50毫升，这样就能在春季对孢子虫病的发生起到一定预防作用。

(2) 药物治疗 目前在我国用来治疗孢子虫的药物不多，甲硝唑是其中的1种，用甲硝唑防治蜜蜂的孢子虫病已很长时间了，效果一直比较稳定，但是长期使用也无法避免会产生抗药性，而且使用甲硝唑还存在药物残留的问题。所以最好的方法就是早期预防，严格控制传染源，在高发期前就开始做好消毒工作。

4. **注意事项** 在生产期和生产期前1个月坚决不用化学药剂防治，防治时要最大限度地降低药物给蜂产品带来的残留。

要严格按照药物使用说明中的施用剂量来使用，合理计划用药的次数。

尽量不要常年施用一种防治孢子虫病药物，不要把药物当饲料一样随意施用。

二、阿米巴病

阿米巴病（honeybee amoebiasis）又名变形虫病。1916 年马森首先在欧洲发现此病，是成年蜂的马氏管病，该病在欧洲较为流行，特别是德国、瑞士和英国。此病常与蜜蜂孢子虫病并发，而且危害大于两病单独发作。

（一）形态特征及生活习性

具有变形虫和孢囊两种形态，在蜜蜂体外以孢囊形式存活，孢囊近似球形，大小为 6～7 毫米，就有较强的折光性。孢囊外壳有双层膜，表面光滑，难以着色，孢囊内充满细胞质，中间有一个较大的细胞核，细胞核内含一个大的核仁，孢囊会随蜜蜂的粪便排出体外，成为传染源。阿米巴的另一种形态为可变的单细胞小体，称为变形虫，由细胞核和细胞质组成。

阿米巴寄生于蜜蜂马氏管内，借助于伪足运动，钻入马氏管上皮细胞间隙并且从中吸取营养，如果遇到不良条件可停止发育形成孢囊，从而抵抗低温、干燥等外界的不良条件。如果外界环境改善，孢囊又会萌发成变形虫营养体。30 ℃下经过 22～24 天，阿米巴又会形成新的孢囊。

（二）传播途径

传播途径与孢子虫相似。患病蜜蜂是本病传播蔓延的根源，病蜂排泄含有大量孢子的粪便污染蜂箱、巢脾、蜂蜜、花粉、水源。当蜜蜂进行清理、取食或采集等活动时如接触病原就可能也会被传染。

患病蜜蜂采集的花粉和花蜜有可能带有大量病原，是潜在的、危害极大的传染源。蜜蜂孢子虫病的远距离传播，主要是通过蜂产品（主要是花粉）的交易、蜂种的交换和转地放蜂等做法所造成。

（三）诊断方法及防治

取出疑似病蜂的消化道，渠道蜜囊和后肠，留下中肠、小肠及马氏管部分，滴加无菌水，盖上盖玻片在 400 倍显微镜下观察，如果发现马氏管膨大，管内充满如珍珠般孢囊，压迫马氏管，可见到孢囊散落出来，即可确诊为阿米巴病。

防治此病的方法与防治孢子虫的方法相似，在高发季节前加强蜂群的管理，做好消毒工作，尽可能地减少传染源。

第七章

蜜 蜂 寄 生 螨

　　蜂群中有 100 多种与蜜蜂有关的螨，但它们大多数对蜜蜂没有危害。这些螨大体可分为 4 类，即食腐螨、捕食性螨、携播螨和蜜蜂寄生螨（罗其花等，2010）。在中国，危害蜜蜂最为严重的蜜蜂寄生螨有两类：一类为狄斯瓦螨，俗称"大蜂螨"；另一类是亮热厉螨和梅氏热厉螨，俗称"小蜂螨"。本章将针对这两种蜜蜂寄生螨的生物学特性和危害特点，讨论其诊断和防治方法。

一、狄斯瓦螨

　　侵染东方蜜蜂原始寄主的雅氏瓦螨（*Varroa jacobsoni*）是由 18 种单元型组成的两个亲缘种，一个是雅氏瓦螨（*V. jacobsoni*），另一种为狄斯瓦螨（*V. destructor*）。在这 18 个单元型中，只有 3 个单元型侵染西方蜜蜂：*V. jacobsoni* 的 Jawa 单元型，*V. destructor* 的 Japan 和 Korea 单元型（梁勤和陈大福，2009）。在长期协同进化的过程中，大蜂螨与东方蜜蜂形成了相互适应关系，在一般情况下其寄生率很低，危害也不明显（罗其花等，2010）。直到 20 世纪初，西方蜜蜂引入亚洲，狄斯瓦螨逐渐转移到西方蜜蜂群体内寄生，并造成了严重危害。如今，除澳大利亚和非洲的部分地区还没有发现狄斯瓦螨外，全世界只要有蜜蜂生存的地方就有狄斯瓦螨的危害。狄斯瓦螨可危害蜜蜂封盖幼虫、蛹和成蜂。狄斯瓦螨繁殖速度快，在单群蜜蜂中寄生的数量可超过 3 000~5 000 只，最高可达 1.1 万只。一个封盖幼虫可以有数只雌螨同时寄生，造成羽化后的蜜蜂体重减轻、翅和足畸形，从而造成蜂群生产力严重下降，乃至全群毁灭（Sammataro 等，2000）。

（一）形态与个体发育

根据大小、形状、颜色和刚毛的分布可以区分出大蜂螨雌雄成螨。螨体被整个角质化的背板所覆盖，背板具有网状花纹。雌螨：横椭圆形，4 对足，体长 1.1~1.2 毫米，宽 1.6~1.8 毫米，深红棕色。雄螨：比雌螨小，卵圆形，4 对足，体长 0.8~0.9 毫米，宽 0.7~0.8 毫米，淡黄色（图 4）。卵：卵圆形，长 0.60 毫米，宽 0.43 毫米，乳白色。雌螨可产有肢体卵和无肢体卵两种卵。若螨分前期若螨和后期若螨，前期若螨近圆形，乳白色，后期若螨横椭圆形，体背出现褐色斑纹。大蜂螨有两种产卵类型，一种可产两种性别的卵，亦可孤雌生殖；另一种只产雄性卵。1 只雌螨能产 1~7 粒卵，大蜂螨的个体发育分为卵期 20~24 小时，前期若螨 52~58 小时，后期若螨 80~86 小时。雌螨由卵到成螨需 6~9 天，雄螨为 6~7 天。大蜂螨的生活史见图 5。

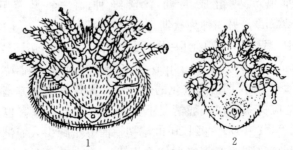

图 4　狄斯瓦螨雌成螨和雄成螨的外部特征
1. 雌成螨　2. 雄成螨
（仿瞿守睦）

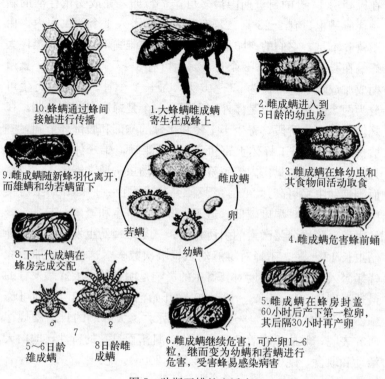

10.蜂螨通过蜂间
接触进行传播

1.大蜂螨雌成螨
寄生在成蜂上

2.雌成螨进入到
5日龄的幼虫房

9.雌成螨随新蜂羽化离开，
而雄螨和幼若螨留下

雌成螨

卵

3.雌成螨在蜂幼虫和
其食物间活动取食

若螨

8.下一代成螨在
蜂房完成交配

幼螨

4.雌成螨危害蜂前蛹

♂　　　♀
7
5～6日龄　8日龄雌
雄成螨　　成螨

5.雌成螨在蜂房封盖
60小时后产下第一粒卵，
其后隔30小时再产卵

6.雌成螨继续危害，可产卵1～6
粒，继而变为幼螨和若螨进行
危害，受害蜂易感染病害

图 5　狄斯瓦螨的生活史

（Adapted from illustration by B. Alexander）

（二）寄生习性

　　在南方亚热带地区，狄斯瓦螨全年都能繁殖；在北方越冬期间，大蜂螨寄生在蜂体上，到早春蜂群育虫以后，它们又继续繁殖。雌螨在蜜蜂幼虫被封盖以前潜入幼虫房内，于巢房封盖后经过 60～64 小时产下第一粒卵，第一粒卵是雄性的，以后每经过 30 小时左右产一粒卵，这些卵都是雌性的。雄螨与雌螨交配后，不久死在巢房内。雌螨在工蜂房 12 天的封盖期内最多可产 5 粒卵，完成受精并存活下来的新一代雌螨只有 1～2 只。1 只雌螨

在雄蜂房 14 天的封盖期内最多可产 7 粒卵，完成受精存活的新
一代雌螨也只有 2～3 只。若有数只雌螨潜入 1 个幼虫房内，由
于营养不足，它们的产卵量将减少，有的雌螨不能产卵。雌性大
蜂螨在夏季可生存 2～3 个月，一生可有 3～7 个产卵周期，繁殖
期成雌成螨平均寿命为 43～45 天，最长 2 个月。大蜂螨寄生可
分为两个时期，一个是体外寄生期，一个是蜂房内的繁殖期。在
蜂体体外寄生阶段，寄生于工蜂和雄蜂的胸部和腹部环节间，一
般情况下，1 只工蜂体上寄生 1～2 只雌螨，雄蜂体上可多达 7
只以上。在封盖巢房内繁殖阶段，工蜂幼虫房通常寄生 1～3 只，
而雄蜂幼虫房可高达 20～30 只。究其原因：一是雄蜂幼虫房集
中于巢脾边缘，温度较低，适于大蜂螨的寄生和繁殖；二是雄蜂
幼虫发育阶段分泌激素的引诱作用；三是雄蜂幼虫发育期较工蜂
幼虫长 12 小时，工蜂对雄蜂幼虫饲喂次数多，这样便增加了大
蜂螨潜入的机会。温度对其寄生的影响是明显的，大蜂螨发育的
最适温度为 32～35 ℃。18～20 ℃开始活动，10～13 ℃即可冻
僵。42 ℃出现昏迷，43～45 ℃出现死亡。大蜂螨的日活动规律
研究表明，雌成螨有着"日出而作，日落而息"的特性，即白天
活动和取食，晚上休息（Huang 等，2006）。

（三）传播

在世界范围的传播多是从有螨害地区进口蜂群再通过蜂群转
地接触发生的。不同地区间的传播一般是由蜂群的频繁转地造成
的。蜂场内蜂群间的传染，主要通过蜜蜂的相互接触。盗蜂和迷
巢蜂是传染的主要因素（梁勤和陈大福，2009）。

（四）受害蜜蜂的症状

狄斯瓦螨危害主要表现为幼虫房内的死虫和死蛹，成年蜂
（工蜂和雄蜂）畸形，四处乱爬，起飞困难。统计表明，健康工
蜂的体重为（89.0±3.9）毫克，同群受到螨危害的工蜂体重为

（71.10±3.3）毫克；健康雄蜂的体重为（222.6±5.2）毫克，受螨害后下降到（189.0±6.8）毫克。在螨害严重的情况下，可造成工蜂体质衰弱，寿命缩短，采集力下降（梁勤和陈大福，2009）。幼虫在产生眼睛色素时如被2～3只大蜂螨寄生，体重将减少15%～20%，而幼虫受到8只螨以上的危害，可造成蛹的死亡；当蛹体受到1～2只螨的危害后，出房后的成蜂寿命减至9～18天。如在幼蜂羽化后1～10天寄生大蜂螨，蜜蜂的寿命减短50%。受大蜂螨危害严重的蜂群，在蜂箱前可见到许多蜂体变形的幼蜂，翅不能伸展或残缺，工蜂体型变小，雄蜂的性功能降低，蜂王寿命缩短。大蜂螨吸食蜜蜂体液，可使蜜蜂每2小时减轻体重0.1%～0.2%，飞行能力也降低。蜜蜂被大蜂螨寄生后，经常扭动身体，企图摆脱，结果造成蜜蜂精疲力尽，虚脱死亡。正在发育的蜂群，因蜂螨的寄生，蜂群群势减弱。受害严重的蜂群，各龄期的幼虫或蛹出现死亡。巢房封盖不规则，死亡的幼虫，无一定形状，幼虫腐烂；但不粘巢房，易清除。死蛹头部伸出，幼蜂不能羽化出房。若在秋季繁殖适龄越冬蜂时期之前不及时治螨，蜂群就不能安全越冬，造成严重损失。东方蜜蜂对大蜂螨有抗性。中蜂（中华蜜蜂）是大蜂螨的原始寄主，在长期演变过程中，使中蜂产生了抗螨性，主要原因是中蜂清理蜂螨的能力强。

（五）螨发生与环境的关系

大蜂螨对温湿度的适应范围与蜜蜂基本相同。春秋季蜂群群势小，大蜂螨感染率相对较大，而夏季相对较小。大蜂螨对不同蜂种感染率不同。东方蜜蜂的行为抗螨力（清扫）强，而西方蜜蜂行为抗螨较差。同一品种的蜜蜂，雄蜂的螨寄生率相对较高。大蜂螨还会携带一些其他病害如病毒病、真菌病、细菌病等。此外，由于受到大蜂螨的危害，蜜蜂身体被刺穿造成伤口，也很容易造成蜜蜂麻痹病病毒的侵入，感染麻痹病等病害。

（六）诊断

1. 巢门前观察　根据巢门前死蜂情况和巢脾上幼虫及蜂蛹死亡状态进行判断。若在巢门前发现许多翅、足残缺的幼蜂爬行，并有死蜂蛹被工蜂拖出等情况，在巢脾上出现死亡变黑的幼虫和蜂蛹，并在蛹体上见到大蜂螨附着，即可确定为大蜂螨危害。

2. 蜂螨检查

（1）成蜂螨寄生检查　从蜂群中提取带蜂子脾，随机取样抓取 50～100 只工蜂，检查其胸部和腹部是否有蜂螨寄生，根据蜂螨数与检查蜂数之比，计算寄生率。

（2）幼虫或蛹螨寄生检查　用镊子挑开封盖巢房 50 个，用放大镜仔细检查蜂体上及巢房内是否有蜂螨，根据检查的蜂数和蜂螨的数量，计算寄生率。另外，春季或秋季蜂群内有雄蜂时，检查封盖的雄蜂房，计算蜂螨的寄生率，也可作为适时防治的指标。

（七）防治

防治蜂螨与防治其他蜜蜂病虫害一样要遵循"预防为主，综合防治"的方针，以蜜蜂保健饲养为前提，采用各种有效措施，如抗螨育种、均衡营养等培养强群，从而增强蜜蜂自身对蜂螨的抗性。在必要的情况下，防治蜂螨要采取综合防治方法，尽量少用化学农药，以减少因用药不当产生的抗药性和对蜂产品的污染等不良后果。

1. 热处理防治法　大蜂螨生长发育的最适温度为 32～35 ℃，42 ℃时出现昏迷，43～45 ℃出现死亡。相对来说蜜蜂耐受的温度要高一些。利用这种特点，把蜜蜂抖落在金属制的网笼中，以特殊方法加热，并不断转动网笼，在 41 ℃下维持 5 分钟，可获得较好的杀螨效果。美国密歇根大学的黄智勇博士发明了塑料巢脾电热杀螨器（MiteZapper®）已在生产上应用（图6）。该仪器在应用上，要求严格掌控温度，若技术掌握不到位易造成蜜蜂死亡。

图6　塑料巢脾电热杀螨器
（MiteZapper ®）

2. 药物防治法　指抓住杀灭大蜂螨最有利和最关键的时期治螨。操作方法是：春季在蜂王尚未开始产卵，蜂群内尚无封盖幼子，蜂螨主要集中寄生于成蜂体表的时候，选用高效无污染的杀蜂螨药物进行杀灭，能将隐匿寄生的蜂螨彻底灭杀。同样，在秋季蜂王停止产卵后或囚王迫其停产，蜂螨主要集中寄生于成蜂体表的时候，选用高效无污染的杀蜂螨药进行杀灭，其他时期治螨要视具体情况而定。所用药物及其使用方法如下。

（1）挂药熏蒸　用图钉将熏蒸杀螨药片如熏烟剂（纸片2号烟剂、敌螨熏烟剂等）、熏蒸剂（如螨扑等）。固定于蜂群内第二个蜂路间，呈对角线悬挂，使用剂量为强势蜂群2片，弱势蜂群1片，3周为一疗程。因为熏蒸杀螨药片具有挥发持续时间长，对陆续出房的蜂螨具有相继杀灭的功效，故防治效果较好。采用此法，只要在随同检查蜂群时将药片挂在巢脾上即可，不需另行开箱，工效较高。

（2）放药熏蒸　使用甲酸防治（秦玉川，黄文诚，1998；秦玉川，2000）：此法可在蜂群饲养的任何时期使用。甲酸为液体有机酸，易挥发，对蜂产品污染小，无残留，使用较安全。方法为：在断子期，甲酸溶液（甲酸7毫升与乙醇3毫升）熏蒸，临用前将二者混合，在22℃以上气温下，在标准箱内熏蒸无蜂封盖子脾7～8张，密闭熏蒸。每箱（平箱）用6毫升，将甲酸滴入塞满脱脂棉的小瓶中，在瓶盖开若干个小孔，盖好盖子，将瓶子置于蜂箱角落，任其挥发，3天后再次加入甲酸，连续5次即可。螨控制住后，就不必再用，不要长期使用甲酸。

（3）带蜂喷药 先将触杀型的杀蜂螨药（如杀螨1号、速杀螨、敌螨1号等）等按每毫升药剂加300～600毫升水的比例配制成药液，充分搅拌后装入喷雾器中，均匀喷洒在带蜂巢脾的蜂体上（喷至蜜蜂体表呈现出一层细薄的雾液为宜），然后盖好蜂箱盖，约30分钟后蜂螨即会因急性中毒而从蜂体脱落，24小时内多数蜂螨都会死亡。使用草酸进行防治，草酸为固体，可在稀糖水中加入3％的草酸，溶解后均匀喷洒巢脾，每脾2毫升，3天1次，连续防治5次为一个疗程。

（4）其他药物及方法

① 中药百部煎水喷蜂脾可治蜂螨。

配方一：百部20克，60度以上白酒500毫升。将中药百部浸入酒中7天，用浸出液1∶1对水喷蜂脾，有薄雾为度，6天1次，喷3～4次，对防治大小蜂螨、巢虫均有效。

配方二：百部20克，苦楝子（用果肉）10个，八角6个，水煎至200毫升，冷却滤渣，喷蜂脾以薄雾为度。

② 其他植物及其提取物防治法。有报道表明，一些植物提取物如鱼藤、烟草、大蒜、松柏针、麝香等有杀螨作用，对蜜蜂较安全。可以尝试使用。

另外，可利用芹菜提取物进行喷雾防治；烟叶粉、花椒粉、茴香粉等可撒于蜂箱底部进行熏蒸防治；切碎后的新鲜的松柏针叶撒于蜂箱底部进行熏蒸防治。

3. 割除雄蜂治螨 利用大蜂螨喜欢寄生在雄蜂房中的特点，

在蜂群的日常管理中，定期割除雄蜂蛹，并清除雄蜂幼虫、蛹体上的蜂螨。也可有目的给蜂群加入雄蜂脾，让蜂王产雄蜂卵，利用大蜂螨喜欢寄生雄蜂的特性，诱使蜂螨在雄蜂脾上寄生，待雄蜂脾上的雄蜂少许封盖后，抽出雄蜂脾，杀死雄蜂幼虫及蜂螨，可有效减少蜂螨寄生率。

4. 人工分蜂治螨　春季，当蜂群发展到 12～15 框蜂时，采用抖落分蜂的方法从蜂群中分出 5 框蜜蜂，以后每隔 10～15 天再从原群分出 5 框，在大流蜜期前的 1 个月停止分群。给新分群诱入王台，加入蜜脾或补饲糖浆。由于新分群只有成年蜂而没有蜂子，这时其身体上的蜂螨可参照前述方法用杀螨药物杀死。

5. 粉末法治螨　利用各种无毒的粉末，如白糖粉、松花粉、淀粉、面粉等，将其均匀地喷撒在蜂体上，使蜂螨足上的吸盘失去作用而从蜂体上脱落。为了不让蜂螨再爬回到蜂体上，可使用纱网落螨框，将其放在箱底，在框下放一张涂有粘胶的白纸板（图 7），这样蜂螨掉落到白纸板上后即可被粘住，将其杀死（周婷，2014）。

把粉末均匀抖在框梁上　　　　用蜂扫把粉末扫入各巢脾之间

I

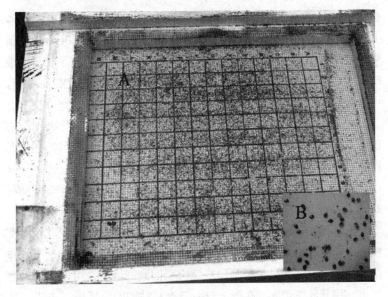

Ⅱ

图 7　纱网落螨框及蜂螨黏附

Ⅰ. 人工撒施粉末；Ⅱ. A. 纱网落螨框　B. 蜂螨被黏附放大图

二、亮热厉螨和梅氏热厉螨

亮热厉螨（*Tropilaelaps clareae*）和梅氏热厉螨（*T. mercedesae*）通称小蜂螨，其繁殖周期短，防治比狄斯瓦螨困难，因此是一种比狄斯瓦螨危害性更大的蜜蜂寄生螨（Abrol 和 Putatunda，1995；Sammataro D. 等，2000；Anderson 和 Morgan，2007）。中国西方蜜蜂群中 95％ 感染小蜂螨（罗其花等，2008）。小蜂螨危害封盖幼虫、蛹，并导致后者变形、死亡，勉强出房的成蜂通常表现出机体和生理上的缺陷；小蜂螨不危害成蜂，但是依靠成蜂来扩散种群（Hosamani 等，2006）。小蜂螨的越冬场所仍不太清楚，中国很多蜂农

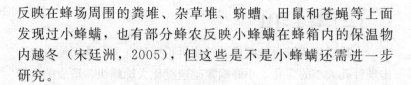

反映在蜂场周围的粪堆、杂草堆、蛴螬、田鼠和苍蝇等上面发现过小蜂螨，也有部分蜂农反映小蜂螨在蜂箱内的保温物内越冬（宋廷洲，2005），但这些是不是小蜂螨还需进一步研究。

（一）形态与个体发育

雌性小蜂螨卵圆形，体长约 1 毫米，宽 0.50 毫米，浅棕黄色。雄螨大小近似于雌螨，体长约 0.92 毫米，宽 0.49 毫米，淡黄色。卵近圆形，长约 0.66 毫米，宽 0.5 毫米。前期若螨呈椭圆形，长 0.54 毫米，宽 0.38 毫米，后期若螨卵形，长 0.9 毫米，宽 0.61 毫米。小蜂螨从卵到成虫的发育期约为 5 天，它们的整个生活周期差不多都寄生在子脾上，以蜜蜂幼虫的体液为生。雌螨潜入并在封盖的幼虫房内产卵繁殖，新成长的小蜂螨随羽化的幼蜂同时出房，在蜂体上或子脾上漫游一段时间，再潜入其他幼虫房内寄生和繁殖。小蜂螨的雌雄比约为 87：13。它们脱离子脾幼虫只能存活 1~3 天。小蜂螨的发育周期比大蜂螨短，但繁殖力强。在 34.8 ℃培养条件下，接种后 1 天即可产卵，也有 4~5 小时产卵的，每个雌虫可产 1~5 粒卵，产卵持续 1~6 天，多为 4 天。前期若虫经 46~58 小时进入静止时期，经蜕皮即为后期若虫。后期若虫经 44~53 小时进入静止时期，活动停止，蜕皮而成为成螨。由卵到成螨需 4~5 天时间。小蜂螨繁殖期平均寿命为 9~10 天，最长 19 天。

（二）传播特性

小蜂螨在蜂场间的传播可能是蜂场间距过近，蜜蜂互相接触造成的；还有的是由于购买有螨害的蜂群造成的。小蜂螨在蜂群间的传播主要是蜂群饲养管理不当造成的，如有螨群与无螨群合并、子脾互调、蜂具混用，还有盗蜂和迷巢蜂与无螨工蜂的接触等（梁勤和陈大福，2009）。

（三）寄生习性

小蜂螨新成螨会咬破房盖转房再行繁殖危害，从而使房盖会出现针孔大小的穿孔。小蜂螨繁殖速度比大蜂螨快，造成的烂子也比大蜂螨严重，若防治不及时，极易造成全群烂子覆灭。小蜂螨的足较长，行动敏捷。常在巢脾上迅速爬行。具有较强的趋光性，在阳光或灯光下很快从巢房里爬出来。在封盖房内繁殖成长的成螨，随新蜂一起出房。但如前述小蜂螨在成蜂体上只能成活1～2天。

雌性小蜂螨成螨与雌性大蜂螨成螨一些生物学指标的比较见表4。

表4　雌性小蜂螨与雌性大蜂螨成螨的生物学指标比较

	体长（毫米）	体宽（毫米）	卵到成螨发育期（天）	寄主	产卵量（粒）	寿命（天）（繁殖期）
大蜂螨	1.1～1.2	1.6～1.8	6～9	幼—蛹—成	1～7	43～45
小蜂螨	1.0	0.56	4～5	幼—蛹	1～5	9～10

注：幼——指幼虫；成——指成虫。

（四）受害蜜蜂的症状

小蜂螨个体较小，诊断较为困难，需认真查看。通常当病群出现明显的死蛹症状时，病情已比较严重。夏末、秋季为发病高峰季节，若此时在子脾上发现呈乳白色或浅黄色的死亡幼虫，有些封盖蛹的房盖上有针孔大小的穿孔，巢门口有翅足不全的幼蜂，提脾检查，在阳光下偶尔可见从大幼虫房中爬出的小螨（需仔细查看），便可确认蜂群遭受了小蜂螨的危害。

（五）小蜂螨发生与环境的关系

小蜂螨最适温度与蜜蜂子脾大致相同。小蜂螨的发生与大蜂螨有所不同，它在一年中的消长与蜂群的繁殖状况及群势有关。如北京在 6 月前，小蜂螨极少见到，7 月中旬以后，小蜂螨呈直线上升，9 月中旬达高峰，11 月上旬以后，外界气温下降到10℃以下，在蜂群中基本查不到小蜂螨。小蜂螨常与大蜂螨一起发生，往往由于大蜂螨的发生种群密度高而抑制小蜂螨的危害和降低其种群密度（梁勤和陈大福，2009）。小蜂螨越冬地区调查表明，小蜂螨可越冬的温度指标为月平均温度不低于5℃，生物学指标为越冬期间，蜂群内绝对断子期不超过 10 天。根据小蜂螨越冬所需要的温度和生物学指标，结合我国自然条件和实地调查查明，湖北、湖南、江苏、浙江、安徽、云南、四川、贵州及河南南部为小蜂螨的可越冬区，而广东、广西以及福建、浙江、江西南部为小蜂螨的越冬基地。

（六）诊断

1. **熏蒸检查法** 当发现大量蜂子死亡，封盖有穿孔时，用一个小玻璃杯从巢脾中央扣取 50～100 只蜜蜂，其内放一浸渍0.5～1 毫升乙醚的棉球，熏蒸 3～5 分钟，盖上玻璃片，蜜蜂麻醉后，转动烧杯，使蜜蜂沿着烧杯壁滚动待蜜蜂昏迷后，轻轻振摇几下，再将其送回原群内，蜂螨则粘在玻璃杯杯壁上或掉落到下面，根据蜂数及落螨数计算带螨比率。也可用药剂熏杀检查（秦玉川，黄文诚，1998；秦玉川，2000）。

2. **封盖巢房检查法** 提取封盖子脾，用镊子挑开封盖巢房，利用小蜂螨具有较强趋光性的特点，可迎着太阳光，仔细观察巢房内爬出的小蜂螨数量并计算其寄生率。

3. **箱底检查法** 在蜂箱箱底放置纱网落螨框和一张涂有粘胶的白纸板（图 20）。然后打开蜂箱盖进行喷烟 6～10 次，盖上蜂箱盖，过 20 分钟后取出白纸板计数小蜂螨数量。

4. **种类鉴别** 研究表明，小蜂螨不是一个种，现在亚洲发现了 4 个种：柯氏热厉螨（*T. koenigerum*）、梅氏热厉螨

（*T. mercedesae*）、亮热厉螨（*T. clareae*）和泰氏热厉螨（*T. thaii*）。以前广泛分布于亚洲的亮热厉螨可以分为两个种，一个为原来的亮热厉螨，其原寄主为菲律宾的大蜜蜂，后来转向危害西方蜜蜂；另一个是新命名的梅氏热厉螨，在其原分布区的西方蜜蜂中均能发现，其分布范围比亮热厉螨广，危害性更大。由于不同种的小蜂螨寄生和危害不同，但其形态类似，因此还应该通过分子生物学方法进行鉴别（罗其花等，2010）。

（七）防治

要遵循"预防为主，综合防治"的方针（可参见大蜂螨防治部分）。

1. **断子防治法**　由于小蜂螨在蜂体上仅能存活1～2天，不能吸食成蜂血淋巴这一特性，可采用人工幽闭蜂王或诱入王台断子的方法治螨。一般工蜂发育过程中，封盖期的幼虫和蛹期为12天，将蜂王幽闭或介绍将要出房的王台，把蜂巢内的幼虫摇出，卵可使用糖水浇浸致死，同时全部割除雄蜂蛹，这样12天后可使蜂群内彻底断子。其后放王，3天后蜂群才会出现幼虫，而这时蜂体上的小蜂螨已自然死亡。如果介绍王台，新王产卵，卵孵化成为幼虫后，大多也超过了12天。因此，幽闭蜂王断子12天，或给蜂群介绍王台断子，都可有效防治小蜂螨。

2. **人工分蜂治螨**　人工分蜂防治小蜂螨的具体操作，可见大蜂螨相关章节。

3. **分区断子防治**　使用一隔王板大小的细纱质隔离板将继箱与巢箱隔离开，平箱或卧式箱则用框式隔离板。注意隔离一定要严密，不使蜂螨通过。每区各开一巢门，将蜂王留在一区继续产卵繁殖，将幼虫脾、封盖子脾全部调到另一区，造成有王区内2～3天无幼虫。待无王区子脾全部出房后，该区断子2～3天，使小蜂螨全部死亡后，再将蜂群并在一起。以此达到彻底防治小蜂螨的目的。相对来说，该法比幽闭蜂王断子更为优越，它既保持了蜂群的正常生活和繁殖，劳动强度也较低。

4. **雄蜂脾诱杀** 同大蜂螨类似，小蜂螨也喜欢寄生在雄蜂房中。利用这一特点，在春季蜂群发展到 10 框蜂以上时，在蜂群中加入雄蜂巢础，使工蜂建造雄蜂脾，待蜂王在其中开始产卵后第 20 天，提出雄蜂脾，抖落蜜蜂，打开雄蜂房房盖，将雄蜂蛹及小蜂螨取出销毁。空的巢脾用硫黄熏蒸后可以再加入蜂群继续用来诱杀小蜂螨。通常每个蜂群准备两个雄蜂脾，轮换使用。每隔 16～20 天割除一次雄蜂蛹，可以有效控制小蜂螨的发生（周婷，2014）。

5. **升华硫防治** 将升华硫药粉均匀地撒在蜂路和框梁上，也可直接涂抹于封盖子脾上，注意不要撒入幼虫房内，以防造成幼虫中毒。为有效掌握用药量，可在升华硫黄药粉中掺入适量的细玉米面作填充剂，充分调匀，将药粉装入一大小适中的瓶内，瓶口用双层纱布包起，瓶口对准要施药的部位轻轻抖动，撒匀即可。涂布封盖子脾，可用双层纱布将药粉包起，直接涂布封盖子脾，一般每群蜂（10 足框）用原药粉 3 克，每隔 5～7 天用药 1 次，连续 3～4 次为一个疗程。用药时，注意用药要均匀，用药量不能太大，以防引起蜜蜂中毒。

6. 其他防治方法及药物，参见狄斯瓦螨的防治。

参考文献

梁勤，陈大福，2009. 蜜蜂保护学 ［M］. 北京：中国农业出版社 .

罗其花，彭文君，安建东，等，2008. 蜂群衰竭失调病（CCD）致病因子分析及我国的应对措施 ［J］. 昆虫知识，45（6）：991-995.

罗其花，周婷，王强，等，2010. 蜂螨的种类及蜜蜂主要害螨研究进展 ［J］. 中国农业科学，43（3）：585-593.

罗其花，周婷，王强，等，2010. 小蜂螨研究综述 ［J］. 昆虫知识，47（2）：263-269.

秦玉川，黄文诚，1998. 科学养蜂一月通 ［M］. 北京：中国农业大学出版社.

秦玉川，2010. 家庭养蜂技术 [M]. 北京：知识出版社，2000.

宋廷洲，2005. 浅谈小蜂螨的来源 [J]. 中国养蜂，56（10）：16.

周婷，2014. 蜜蜂医学概论 [M]. 北京：中国农业科学技术出版社.

Abrol D P，Putatunda B N，1995. Discovery of the ectoparasitic mite *Tropilaelaps koenigerum* Delfinido-Baker and Baker（Acari：Laelapidae）on *Apis dorsata* F.，*A. mellifera* L. and *A. cerana* F. in Jammu and Kashmir，India [J]. Current Science，68：90.

Anderson D L，Morgan M J. 2007. Genetic and morphological variation of bee-parasitic *Tropilaelaps* mites（Acari：Laelapidae）：new and re-defined species [J]. Experimental and Applied Acarology，43：1-24.

Hosamani R K，Sharma S K，Gulati R. 2006. Pest potential of *Tropilaelaps clareae* Delfinado and Baker（Mesostigmata：Laelapidae）on *Apis mellifera* L. colonies in Hisar，India [J]. Honeybee Science，26（4）：163-166.

Huang Z Y，Zhao J，Zhou L，et al，2006. Electronic monitoring of feeding behavior of varroa mites on honey bees [J]. Journal of Apicultural Research，45（3）：157-158.

Sammataro D，Gerson U，Needham G，2000. Parasitic mites of honey bee：Life history，implications，and impact [J]. Annual Review of Entomology，45：519-548.

第八章

蜜蜂敌害及防治

一、蜜蜂昆虫类病敌害及防治

(一) 蜡螟

蜡螟 (wax moth) 种类很多,危害蜜蜂的蜡螟有大蜡螟 (*Galleria mellonella* Linne) 和小蜡螟 (*Achroia grisella* Fabr) 两种,属于鳞翅目 (Lepidoptera),螟蛾科 (Pyralidae),蜡螟属 (*Galleria*)。

1. **分布与危害**　大蜡螟分布于全世界,小蜡螟主要分布于亚洲和非洲大陆。它们的幼虫蛀食巢脾,钻蛀隧道,造成"白头蛹",轻者影响蜂群的繁殖力,重者造成蜂群的飞逃。东方蜜蜂较西方蜜蜂受害严重。

2. **形态特征**

(1) 卵　大蜡螟卵呈粉红色,0.5毫米×0.3毫米,卵壳硬且厚;小蜡螟卵呈乳白色,0.3毫米×0.2毫米,卵壳软且薄。

(2) 幼虫　大蜡螟幼虫初孵化时体乳白色,长0.8～1毫米,前胸背板棕褐色,老熟幼虫体长23～25毫米,体呈黄褐色。小蜡螟幼虫初孵化时乳白色至黄白色,体长0.7～0.9毫米,老熟幼虫体长15～18毫米,体呈蜡黄色。

(3) 蛹　大蜡螟蛹呈纺锤形,长12～14毫米,白色或黄褐色;小蜡螟蛹长8～10毫米,黄褐色。

(4) 成虫　大蜡螟雌蛾体长13～14毫米,翅棕黑色,翅展

27～28 毫米，前翅近长方形，外缘较平直，雄蛾较小，头、胸部背面及前翅近内缘处呈灰白色，前翅外缘凹陷。小蜡螟雌蛾体长 9～10 毫米，翅展 21～25 毫米，雄体较小，前翅近肩角紧靠前缘处有一个长约 3 毫米的菱形翅痣。

3. 生物学特性 大蜡螟在我国一年发生 2～3 代，卵期 8～23 天，幼虫期 28～150 天，蛹期 9～62 天，成虫寿命 9～44 天。白天雌蛾隐藏在缝隙处，夜间活动，于缝隙中产卵 300～1 800 粒。初孵幼虫极小，爬行速度极快，1 天后由箱底蜡屑中爬上巢脾，蛀蚀巢脾。幼虫 5～6 龄后，食量增大，破坏力加重。小蜡螟一年可发生 3 代，幼虫期 42～69 天，蛹期为 7～9 天，成虫期为 4～31 天。

4. 防治方法

① 加强饲养管理、饲养强群，经常清除蜂箱内的残渣蜡屑，至少 20 天要清扫一次。堵塞缝隙，保持强群。

② 定期用二硫化碳、冰醋酸或硫黄进行熏杀。

③ 也有蜂农利用萘粉、八角和海带等驱避巢虫。

（二）胡蜂

胡蜂（wasp）是蜜蜂在夏秋季节的主要敌害。危害蜜蜂的胡蜂属于膜翅目（Hymenoptera），胡蜂总科（Vespoidea），胡蜂科（Vespidae），胡蜂属（Vespa）。

1. 分布与危害 主要分布于 1 000～2 000 米的中海拔山区，危害蜂业的胡蜂主要有金环胡蜂（*Vespa manderinia* Smith）、黄边胡蜂（*V. Crabro* L.）、黑盾胡蜂（*V. bicoloro* Fabricius）和基胡蜂（*V. basalis* Smith）等。在山区和丘陵地区的夏末秋初季节，胡蜂常盘旋于蜂场上空或守候在巢门前，捕捉外勤蜂；此外，还能进入蜂巢，危害蜜蜂幼虫和蛹，严重时造成蜂群飞逃。

2. 形态特征

（1）金环胡蜂 雌蜂体长 30～40 毫米，头部黄色，中胸背板黑色，腹部棕褐色，上颚近三角形。雄蜂体长约 34 毫米，体呈褐色。

(2) 黑盾胡蜂 雌蜂体长 28～34 毫米，头部鲜黄色，中胸背板黑色，其余黄色，上颚鲜黄色。雄蜂体长 25～29 毫米，唇基部具有不明显突起的 2 个齿。

(3) 基胡蜂 雌蜂体长 19～27 毫米，头部浅褐色，中胸背板黑色，其余黑色。上颚黑褐色，端部 4 个齿。

3. 生物学特性 胡蜂与蜜蜂都是营群居性生活的社会性昆虫，群体由蜂王、工蜂和雄蜂组成，与蜜蜂不同的是一群胡蜂中可有多只蜂王同巢；胡蜂在秋季交尾受精后便进入越冬期，翌年 3～4 月开始产卵繁殖；多在早晚、阴天时或雨后活动，具杂食性。

4. 防治方法 胡蜂来犯时，加强巡视，拿拍子将其拍死；缩小巢门或在巢门处设置栅栏，阻止胡蜂入巢危害；也可寻找胡蜂巢，将巢摘除烧毁。

（三）蜂狼

蜂狼（bee wolf）又叫大头泥蜂，属膜翅目（Hymenoptera），细腰亚目（Apocrita），蜜蜂总科（Apoidea），方头泥蜂科（Crabronidae），大头泥蜂亚科（Philanthinae）。

1. 危害 蜂狼在蜜源植物上、空中或蜂箱前捕食蜜蜂，它们抱住蜜蜂飞走或落于植物上，将蜜蜂蛰刺成麻醉状态，并吸食蜜蜂体液或蜜汁；蜂狼常将蜜蜂运回蜂巢，作为幼虫出生后的食物。所有大头泥蜂属的成员都会猎食多种蜜蜂，但欧洲狼蜂（*Philanthus triangulum*）只捕猎西方蜜蜂。

2. 形态和习性 体长 12～16 毫米；头大，头部和胸部呈黑色，腹部呈浅黄色，胸背坚硬；属于独居捕猎蜂，在筑巢、捕猎、饲育幼虫等活动中，多是雌雄单独行动；多栖息于在丘陵地带和山区，较少在平原地区。

3. 防治方法 防治方法同胡蜂，但较胡蜂更难防治；可找到其蜂巢，用沥青覆盖或搬离受害区。

（四）蚂蚁

蚂蚁（ant）属膜翅目（Hymenoptera），蚁科（Formicidae）。

1. 分布与危害 分布极广泛；危害蜜蜂的主要有大黑蚁（*Camponotus japonicus* Mayr.）和棕黄色家蚁（*Monomorium pharaonis* L.）。在春、夏、秋三季活动频繁，常在蜂箱附近爬行，并钻进蜂箱盗食蜂粮以及搬运蜜蜂幼虫，受害蜜蜂采蜜能力下降，蜂王减少或停止产卵，群势减弱，严重时造成蜂群飞逃。

2. 形态和习性 蚁后腹部大，触角短，胸足小，有翅、脱翅或无翅；雄蚁头圆小，上颚不发达，触角细长；工蚁无翅，复眼小，单眼极微小或无，上颚、触角和3对胸足都很发达；兵蚁头大，上颚发达；社会学昆虫，杂食性。

3. 防治方法 蜂箱四角各放入盛水容器中，还可围绕蜂箱均匀撒生石灰、明矾或硫黄等驱避。另外，可用沸水毁掉蚁穴。

（五）食虫虻

食虫虻（robber fly）属于双翅目（Diptera），食虫虻科（Asilidae）。

1. 分布与危害 食虫虻分布于全世界；我国常见的食虫虻有中华单羽食虫虻，它在日本和朝鲜也有分布。食虫虻飞行敏捷，能轻易抱住飞行中的蜜蜂，将口器刺入蜜蜂颈部薄膜间，吸取其血淋巴。

2. 形态特征 成虫体长约30毫米，体粗壮，多褐色，通常多毛；足长，头部具细小的颈，触角向前方伸展。

3. 生活习性 一年或两年完成1个世代；幼虫有5～8个龄

期；幼虫和成虫均为杂食性。

4. 防治方法 食虫虻产卵地点分散，难于集中除灭，因此对其防治多采用人工扑打法。

（六）天蛾

天蛾（hawk moths）属鳞翅目（Lepidoptera），天蛾科（Sphingidae）。常见有害天蛾主要是芝麻鬼脸天蛾（*Acherontia styx* Westwood）、鬼脸天蛾（*Acherontia lachesis* Fabricius）和骷髅头蛾（*Acherontia atropos*）侵袭蜂群。

1. 分布与危害 天蛾呈世界性分布，主要分布在热带地区。骷髅天蛾（death's-head hawkmoth）常见于欧洲和非洲，在我国芝麻鬼脸天蛾主要分布在华中和华南地区；鬼脸天蛾分布于南方各省；天蛾成虫夜间窜入蜂箱盗食蜂蜜，并发出扑打声，影响蜜蜂巢内正常活动，严重时致使蜂群飞逃。

2. 形态特征 成虫均身体粗壮，前翅狭长，后翅较小，翅展 5～20 厘米。复眼明显，无单眼。在背部有近似骷髅头的图案。幼虫肥大，体表光滑，体面多颗粒。

3. 生活习性 天蛾幼虫一般食叶，成虫吸食花蜜，飞翔力强。大多数种类夜间活动，成虫能发微声，幼虫能以上颚摩擦作声。

4. 防治方法 夜间缩小巢门，降低巢门高度；利用灯光诱杀成蛾或人工扑打；也可用雄蜂驱杀器杀灭。

（七）蜂虱

蜂虱（bee lice）（*Braula coeca* Nitzsch）属于双翅目（Diptera），鸟蝇总科（Carnoidea），蜂蝇科（Braulidae）。

1. 分布与危害 蜂虱（bee lice）主要分布于东欧、中亚和非洲地区，在我国尚未发现。蜂虱常出现在蜂王和工蜂的头部和胸部绒毛处，掠食蜂粮，使蜂群烦躁不安，蜂王减少或停止产卵；蜂虱幼虫在巢脾中钻蛀孔道，破坏巢础。

2. **形态特征** 成虫红褐色，周身绒毛，1.5 毫米×1 毫米，头三角形，管状口器。幼虫体肥大，乳白色。

3. **生活习性** 雌虫在蜂箱隐蔽处产卵，幼虫钻蛀巢脾，盗食蜂粮，卵到成虫需 21 天。

4. **防治方法** 饲养强群，淘汰旧脾；切除蜜盖，集中化蜡；利用萘、烟叶和茴香油等熏杀。

（八）芫菁

芫菁（blister beetle）（*Meloe variegates*）属于鞘翅目（Coleoptera）芫菁科（Meloidae）甲虫，别名地胆。

1. **分布与危害** 危害蜜蜂的主要有复色短翅芫菁（*Meloe variegates* Donovan）和曲角短翅芫菁（*M. proscarabaeus* L.），其幼虫寄生在蜂体上危害蜜蜂。我国在安徽、黑龙江、吉林和新疆等省的蜂群发生过地胆病，即为该病。

2. **形态特征** 复色短翅芫菁幼虫为黑色，头呈三角形，体长 3.0～3.8 毫米；曲角短翅芫菁幼虫为黄色，头呈圆形，体长 1.3～1.8 毫米。

3. **生活习性** 成虫以杂草和灌木类植物为食，其 1 龄幼虫三爪蚴，爬上花朵，能附在蜜蜂身体上，钻入蜜蜂胸部和腹部节间膜处，吸食其血淋巴，并随蜜蜂进入蜂箱，幼虫以蜂卵、幼虫和蜂粮为食；有时还能危害雄蜂和蜂王。

4. **防治方法** 可人工捕杀蜂场附近的芫菁成虫，再用萘和烟叶熏杀，并烧毁收集到的芫菁幼虫。

（九）三斑赛蜂麻蝇

三斑赛蜂麻蝇（*Senotainia tricuspis* Meigen）又称蜂麻蝇、肉蝇；属于双翅目，麻蝇科，赤蜂麻蝇亚科。

1. **分布与危害** 欧洲和亚洲均有分布。在我国分布于内蒙古、新疆、湖北和东北局部地区。主要在夏季危害青壮年蜂，受害蜂表现乏力，飞行缓慢，最后只能爬行，且痉挛、颤抖、仰卧而死。

2. 形态特征　成虫银灰色，体长 6～9 毫米；幼虫（0.7～0.8）毫米×0.17 毫米，在蜜蜂体内发育成熟后体长（11～15）毫米×3 毫米。

3. 生活习性　雌蝇追上飞行的蜜蜂，将卵产在蜜蜂身体上，卵孵化成幼虫钻入蜜蜂体内，吸食血淋巴和肌肉；最后幼虫离开蜂尸在土壤中化蛹，7～16 天羽化。

4. 防治方法　在蜂箱盖上放置盛水的白瓷盘，使成虫溺水死亡；并及时清除病蜂和死蜂，进行烧毁。

（十）驼背蝇

驼背蝇（*Phora incrassata* Meigen）是以蜜蜂幼虫体液为食的内寄生蝇，属双翅目，蚤蝇科。

1. 形态与危害　成虫体长 3～4 毫米，呈黑色，胸部大而隆起，足发达。通常由巢门潜入蜂箱，在未封盖的幼虫房内产卵。卵暗红色，3 小时后孵化的幼虫能吸食蜜蜂体液。经 6～7 天后，幼虫离开蜜蜂尸体，爬出巢房并潜入箱底赃物或土壤中化蛹，经过 12 天后羽化。

2. 防治方法　饲养强群；保持蜂箱清洁；可用烟叶熏杀或利用杀螨熏烟剂进行药物防治。

（十一）蟑螂

蟑螂是东方蜚蠊的俗称，属昆虫纲不完全变态昆虫。

1. 分布与危害　世界分布，对蜜蜂的危害主要是偷吃蜂蜜和花粉，粪便污染蜂产品，惊扰蜜蜂正常工作，传播细菌，导致蜂群发病及群势下降。

2. 形态特征和生物学特性　成虫体扁平，黑褐色，头小，动作敏捷。卵经 1 个月左右孵化，经半年左右发育为成虫。

3. 防除方法　选择背风向阳的地方放置蜂群；保持强群；加强卫生管理；采用诱捕法杀灭蟑螂的成、若虫或使用灭蟑螂药笔。

（十二）蜂箱小甲虫

蜂箱小甲虫（small hive beetle，SHB）（*Aethina tumida* Murray）属于鞘翅目（Coleoptera），露尾甲科（Nitidulidae）；对西方蜜蜂危害严重。

1. 分布与危害　最早发现于非洲，危害不严重。1998年在美国发现，随后加拿大和澳大利亚也发现。成虫和幼虫取食蜂巢中的蜂粮，摄食过的蜂蜜呈水样并发酵，成虫则喜食蜂卵和幼虫，严重影响蜂群繁殖力，致使蜂群飞逃。

2. 形态特征和生物学特性　卵呈珍珠白色，1.4毫米×0.26毫米，卵一般3天孵化；幼虫呈乳白色，体表布满荆状突起，在蜂巢生活13.3天，待长到1厘米左右时进入土壤，3天后化蛹，蛹期8天。成虫灰色至黑色，椭圆形，5.7毫米×3.2毫米；雌成虫在数量和体重上略大于雄性。

3. 防治方法　贮蜜库房要保持清洁，库内的相对湿度应低于50%；经常清蜡屑，妥善保管花粉和花粉脾；可用二硫化碳熏贮存巢脾；也可在蜂场撒些漂白粉对其进行防治。

二、蜜蜂鸟类敌害

（一）蜂虎

蜂虎（bee-eater）（*Meropidae*）属于佛法僧目（Coracii-formes），蜂虎科（Meropidae）。

1. 分布与危害　广泛分布于东半球的热带和温带地区，尤其是非洲、欧洲南部、东南亚和大洋洲。蜂虎属有栗头蜂虎（*Merops viridis*）、绿喉蜂虎、栗喉蜂虎、黄喉蜂虎（*Merops* *apiaster*) 及蓝喉蜂虎。蜂虎在我国分布于云南、新疆、四川和广东沿海等地区。夜蜂虎属分布于云南、海南及广西等省份,本属仅有一个种,即蓝须夜蜂虎（*Nyctyorn athertoni*）。蜂虎属的绿喉蜂虎和黑胸蜂虎是国家二级保护动物。大多种类的蜂虎是蜜蜂的重要敌害;一般认为蜂虎是在飞行中捕捉采集蜂,然后返回栖息地再进行食用。一只蜂虎每天可吃掉 60 只以上的蜜蜂,更为严重的是,有时婚飞的处女王会被吃掉,也给育王带来很多不利因素。蜂虎有时可结成 250 只左右的群体捕食蜜蜂,给蜂群带来灭顶之灾。

2. **形态特征** 体长 15～35 厘米,嘴细长而尖,从基部稍向下弯曲,嘴峰上有脊;羽毛颜色鲜艳,多为绿色;许多种类中央尾羽较长,初级飞羽 10 枚,尾羽 12 枚,有些种类中央一对尾羽长形突出;翅形狭而尖,跗跖短弱而裸出,外趾和中趾间第二关节上有蹼膜连起;内趾和中趾仅基部联合。

3. **生活习性** 蜂虎飞行敏捷,善于在飞行中捕食蜜蜂、胡蜂以及甲壳类生物;多栖息于乡村附近的丘陵或林地,喜好开阔原野;集群生活,常数百对在同一巢区内;在堤坝的高处挖洞为巢或在山地坟墓等隧道中筑巢。每窝产 2～6 枚卵,白色略带粉红,椭圆形,26 毫米×22 毫米。

4. **防治方法** 对蜂虎的防治随地区的不同而有所差异,在蜂虎严重捕食蜜蜂时,可用惊吓法进行驱赶或采取将蜂场搬离的措施;在山区蜜源结束后,应将蜂群转移到半山区或平原区,这是增加采蜜量和防止鸟类危害蜜蜂的有效方法。

(二) 啄木鸟

啄木鸟（woodpecker）属䴕形目（Piciformes）,啄木鸟科（Picidae）,啄木鸟亚科（Picinae）。

1. **分布与危害** 除大洋洲和南极洲外,几乎遍布全世界,主要栖息于南美洲和东南亚,在我国各地均有分布。其中,白腹黑啄木鸟是我国的国家二级保护动物。啄木鸟飞到蜂场，用尖利的嘴啄蜂箱板，啄破后到邻近的蜂箱上继续破坏蜂箱；它用长而坚硬的嘴在巢脾中乱啄，在其中寻找食物，将巢脾毁坏严重，最终导致巢破蜂亡，尤其对越冬蜂群具有严重的危害性。

2. **形态和习性**　不同种类啄木鸟的体长差异较大，嘴长且硬直；舌长而能伸缩，先端列生短钩；脚具 4 趾；尾呈平尾或楔状，尾羽大都 12 枚。我国最常见的黑枕绿啄木鸟，体长约 30 厘米；身体为绿色，雄鸟头有红斑。啄木鸟有 180～200 种，多数为留鸟，少数种类有迁徙性。大多数啄木鸟终生在树林中度过，在树干上螺旋式地攀缘搜寻昆虫；只有少数在地上觅食的种类能栖息在横枝上。夏季常栖于山林间，冬季大多迁至平原近山的树丛间；春夏两季大多吃昆虫，秋冬两季兼吃植物。在树洞里营巢，卵为纯白色。

3. **防治方法**　冬季蜂群排泄前后要加紧防范；蜂箱摆放不要过于暴露，不易过高；蜂箱宜采用坚硬的木料进行钉制；可用惊吓方法使啄木鸟离开或用铁丝网包裹蜂箱。

（三）大山雀

大山雀（great tit）（*Parus major*）属于雀形目（Passeri-formes），山雀科（Paridae），山雀属（*Parus*）。

1. **分布与危害**　大山雀分布于欧洲大陆、亚洲大陆和非洲西北部等地区，在我国境内各省均有分布。它们能引诱箱中蜜蜂，并将其吃掉；在夏季时，大山雀会捕食大量蜜蜂，多数是地面死蜂，并将它们带回鸟巢饲喂后代。

2. **形态特征**　大山雀体长（含尾）约 14 厘米，喙尖而细长；头部为黑色，两颊各有一个椭圆形白斑；颈背有白色块斑；翼上具一道白色条纹；头部的黑色在颌下汇聚成一条黑线，这条黑线沿着胸腹的中线一直延伸到下腹部的尾下覆羽，是辨识大山雀的一个重要特征；虹膜、喙、足均为黑色。

3. 生活习性 大山雀繁殖季节为 3～8 月，每巢产卵 6～9 枚，卵呈卵圆形，白色具红斑，孵化期约 15 天。常栖息在山区和平原林间；夏季最高可以分布到海拔 3 000 米的山区，冬季则向低海拔平原地区移动，并结成小群活动，并筑巢于树洞或房洞中。大山雀是典型的食虫鸟，食物中昆虫所占的比例高达 74.14%。

4. 防治方法 在冬季时，为防止山雀对蜜蜂的危害可用惊吓法让其离开或转移蜂箱。

（四）雨燕

雨燕（swift）属雨燕目（Apodiformes），雨燕科（Apodidae），该科的鸣禽通称雨燕。

1. 分布与危害 分布广泛，有些种类在高纬度地区繁殖而到热带地区越冬，多为候鸟。雨燕在我国有 4 属 8 种。该鸟是飞翔速度最快的鸟类，它们常在空中捕捉蜜蜂或啄食蜂蜜，也是蜜蜂的敌害。

2. 形态与习性 体形较小，羽毛多具光泽；头无羽冠，嘴形扁短，尖端稍曲，基部宽阔，无嘴须；羽毛有较大形的副羽，尾羽 10 枚，足短；唾液腺发达；尾脂腺裸出。雨燕科的鸟多结群营巢于岩洞、悬崖峭壁的岩隙和塔楼等建筑物的屋檐或顶部避风雨处。每次产 2～3 枚卵，卵多呈白色。

3. 防治方法 同啄木鸟和蜂虎，并且其危害性与它们的迁徙时间有关，最好在它们迁徙过后，再妥善放置蜂群。

（五）伯劳

伯劳（shrike）主要指雀形目（Passeriformes），伯劳科（Laniidae），尤其是伯劳属（Lanius）的许多种鸣禽。

1. 分布与危害 广泛分布于欧洲、亚洲、北美洲和非洲大陆；以捕食昆虫为主，包括蜜蜂。

2. 形态和习性 体长有 16～21 厘米，比知更鸟小；嘴尖上有钩，羽毛一般是灰色或淡褐色，翅膀和尾为黑色并带有白色的斑；眼睛周围是一圈明显的黑色。雌鸟孵蛋，约 14 天可以出生，出生后由雌、雄鸟共同喂食，12 天后幼鸟就可以离巢。

3. 防治方法 同其他鸟类。

（六）响蜜䴕

响蜜䴕（honey bird or Honeyguide）（*Indicatoridae*）属于鸟纲䴕形目（Piciformes），响蜜䴕科（Indicatoridae），共有 4 属 17 种。

1. 分布与危害 大部分分布在非洲，在亚洲分布有两种。它是一种奇特的鸟，当发现蜂窝时，会发出叫声，吸引蜜獾或人类跟着它找到蜂窝，待蜜獾或人类把蜂窝破坏后，再取食他们遗弃的蜂蜜、蜂蜡以及巢脾上的蜜蜂幼虫，有时还有蜡螟幼虫。

2. 形态和习性 羽毛大多较暗，仅少数种带明黄色；具杂食性，特殊的是大多能以蜂蜡为食；它们属巢寄生鸟类，将卵产在须䴕或啄木鸟的巢中，而后响蜜䴕幼鸟出生，它们嘴上生有锋利的小钩，通常能将须䴕和啄木鸟的幼鸟啄死；出生 10 天左右，响蜜䴕幼鸟嘴上的小钩自行脱落，羽翼丰满之后便离巢而去。

3. 防治方法 同其他鸟类。

三、蜜蜂兽类敌害

（一）青鼬

青鼬（martes flavigula）为鼬科貂属的动物，也叫黄猺、黄喉貂、黄腰狐狸或蜜狗。

1. 分布与危害 广泛分布于亚洲，在我国 20 多个省均有分布，常栖居于山林中；我国国家二级重点保护动物；主要以啮齿动物、鸟、鸟卵、昆虫及野果为食，酷爱蜂蜜，一夜能使数箱甚至十数箱毁掉。

2. **形态和习性**　青鼬大小似家猫，全身棕褐色或黄褐色，头部及颜面黑褐色，喉胸部橙黄色，腹部灰褐，尾黑色；体长40～60厘米，体重1.6～3.0千克；头部为三角形，四肢短健，足五趾，爪小、曲而锐利。生活在山地森林或丘陵地带，在树洞及岩洞中居住，惯于攀爬树木。多在夜间活动，常成对觅食，较少成群。每年春季产仔，每胎2～3仔。

3. **防治方法**　可用铁丝网将蜂场围起，高度1米左右；建设光滑斜坡；对受保护的动物也可养狗防护或用惊吓法进行驱赶。

（二）鼠

鼠是啮齿目，包括鼠和松鼠科（Muridae）。我国危害蜜蜂的主要有家鼠和田鼠。

1. **分布与危害**　鼠广泛分布于世界各地，是最常见的哺乳动物。鼠科有两个分布中心，分别是亚洲南部到大洋洲一带和非洲。鼠多在蜂群越冬时进入越冬场所，再由巢门或箱缝处进入蜂箱，盗食蜂蜜粮、咬坏巢脾，甚至侵入蜂团，吃掉蜜蜂，致使蜂群不安，最终冻饿而死，可使数群甚至数十箱群势削弱或死亡。此外，鼠可通过蜂产品、水、蜂箱、蜂具和巢脾等向人传播疾病。

2. **形态和习性**　田鼠较家鼠尾短，前者生活于田野，地下打洞，盗食农作物。后者生活在人畜房舍中，盗食人畜食物。繁殖能力极强。

3. **防治方法**　群众传统灭鼠方法有堵洞、水灌、烟熏、设捕鼠夹和粘鼠胶等，也可饲养猫捕捉鼠类。缩小巢门或加铁丝网。

（三）熊

熊（bear）属食肉目（Carnivora）熊科（Ursidae）的杂食性大型哺乳动物，以肉食为主。

1. 分布与危害 从寒带到热带均有分布，我国最常见是亚洲黑熊，属于珍稀物种。在山区它们对蜂群的危害极大，一只熊在一夜能毁掉1～3群蜜蜂，严重时可将整个蜂场毁掉。

2. 形态和习性 躯体粗壮，四肢有力，头圆颈短，眼小吻长；短尾隐于体毛内，毛色一致，厚而密；齿大，但不尖锐，裂齿不如其他食肉目动物发达；前后肢均具有5趾，弯爪强硬，不能伸缩，跖行性。黑熊生活在森林中，尤其是植被茂盛的山地。在夏季时，熊常在海拔3 000米的山地活动，在冬季则会迁居到海拔较低的密林中去；属杂食性动物，以植物为主，如植物嫩叶、各种浆果、竹笋和苔藓等，另外也捕食各种昆虫、蛙和鱼类等，尤其喜爱蜂蜜。

3. 防治方法 有条件的蜂场可建立电网；也可将蜂群悬吊起来，离地2～3米，以避免熊的危害。夜间场外可点灯或放鞭炮进行驱避。

（四）刺猬

刺猬（hedgehog）（*Erinaceus europaeus*）是食虫目猬科刺猬亚科的通称。

1. 分布与危害 刺猬分布于亚洲、欧洲和非洲的森林、草原和荒漠地带。该种动物在中国有2属4种，主要分布于东北、华北及浙江、福建等地。刺猬嗅到蜂蜜香味后，在夜间来到蜂箱前，将鼻子插入巢门，喷出一种特殊的气体，激怒蜜蜂，蜜蜂群起反击，刺猬能将一团蜂吃掉。一只刺猬每次能吃掉0.25千克的蜜蜂，受害蜂群群势随即下降，基本失去采集力。

2. 形态和习性 体背和体侧满布棘刺，头、尾和腹面被毛；

吻尖而长，尾短；前后足多是 5 趾，蹠行；受惊时卷成刺球状。栖息在山地森林、草原、农田和灌丛等地；昼伏夜出，杂食性，并冬眠。每年 6～8 月为繁殖期，每年产 1～2 胎，怀孕期 35～37 天，每胎产 3～7 个幼仔。

3. 防除方法 用手电筒强光照向刺猬，使其蜷缩成球，用利器将其杀死；也可垫高蜂箱，高度 在 1 米以上，可防治刺猬对蜂群的危害。

（五）蜜獾

蜜獾（honey badger）（*Mellivora capensis*）为鼬科动物，蜜獾属下唯一的种。

1. 分布与危害 分布于非洲、西亚和南亚地区。它与响蜜䴕组成了特殊的"伙伴"关系。响蜜䴕见到蜜獾会不停地鸣叫或啄其头部，以吸引蜜獾的注意力，而蜜獾则追赶着响蜜䴕，有时也发出一系列的回应声。当来到蜂窝前，蜜獾会破坏蜂窝将蜂蜜吃掉。

2. 形态和习性 体长 60～77 厘米，背部为灰色，皮毛松弛且粗糙；杂食性，极喜好蜂蜜。可生活在雨林、开阔的草原以及水边，多昼伏夜出，常单独或成对出现。

3. 防治方法 可用铁丝网将蜂场围起，高度 1 米左右；也可养狗防护或惊吓驱避。

（六）浣熊

浣熊（raccoon or racoon）（*Procyon lotor*）属于食肉目 (Carnivora)，浣熊科（Procyonidae）。

1. 分布与危害 浣熊源自北美洲，到 20 世纪中叶时，已分布到欧洲大陆、高加索地区和日本等地区。在北美地区，浣熊多在夜里盗食蜂蜜，危害蜂群。

2. 形态和习性 体长 41～71 厘米，皮毛大部分为灰色，也有部分为棕色和黑色；尾长 19.2~40.5 厘米，带有深浅交错的环纹；体重随生境变化较大，1.8~13.6 千克；浣熊眼睛周围为黑色。浣熊为杂食动物，食物有浆果、昆虫、鸟卵和其他小动物；常栖息在靠近河流、湖泊或池塘的树林中，它们大多成对或结成家族一起活动。白天常在树上，并在树上筑巢；活动多在晚间，有时也白天觅食。通常在每年 1 月下旬到 3 月中旬交配，怀孕期 63~65 天，每胎产 2~5 个幼仔。

3. 防除方法 由于浣熊善于攀爬，最好将蜂箱用铁丝网扣严或养狗防护。

参考文献

动物分类学-鸟纲-雨燕科 [EB/OL]．[2016]．http：//www.biotu.cn/viewthread.php？tid=7323&extra=page%3D1.

方兵兵，2005. 蜜蜂的新敌害——蜂巢小甲虫 [J]. 中国蜂业 (56)：22-23.

冯峰，1995. 中国蜜蜂病理及防治学 [M]. 北京：中国农业科学技术出版社.

葛为民，2007. 蜜蜂的敌害——蜂狼 [J]. 中国蜂业 (58)：25.

关振英，2009. 综述北方蜜蜂病敌害的预防 [J]. 蜜蜂杂志 (1)：32-33.

刘洋，常志光，2006. 啄木鸟对越冬中蜂的危害和防范措施 [J]. 养蜂科技 (3)：33.

罗卫庭，张学文，余玉生，等，1998. 蟑螂对中蜂的危害及综合防治 [J]. 蜜蜂杂志 (11)：20.

宋廷洲，2004. 提高警惕，捕杀刺猬 [J]. 中国养蜂 (55)：27.

孙哲贤，孙力更，商庆昌，2006. 灭鼠谈 [J]. 养蜂科技 (4)：20-24.

王志，李志勇，2002. 认识蜂虎 [J]. 蜜蜂杂志 (2)：29.

吴杰，周婷，韩胜明，等，2001. 蜜蜂病敌害防治手册 [M]. 北京：中国农业出版社.

Wikipedia. Raccoon [EB/OL]．[2016] http：//en.wikipedia.org/wiki/Raccoon.

第九章

蜜蜂非传染性病害及防治

蜜蜂的病害可以按其病原分为生物性因子引起的传染性病害和非生物性因子引起的非传染性病害。因遗传因素和不良因素引起的非传染性疾病主要为卵干枯病、蜂群伤热、佝偻病、僵死幼虫、卷翅病、下痢病和幼虫冻伤。

一、卵干枯病

（一）病因

1. **遗传因子**　由于蜂王近亲交配，其后代生活力降低，在繁殖过程中产下不孵化而干瘪的卵。

2. **高温干热或低温引起**　南方盛夏酷暑季节，在群势衰弱的蜂群，蜂王产卵成片，群内幼蜂哺育力严重不足，加之高温低湿，易造成边沿卵圈干瘪不能孵化；早春低温，尤其当有寒潮侵袭时，巢内护脾蜂紧缩，也易导致边沿卵圈受冻干枯死亡。

3. **药害**　使用药物治螨不当，如用硫黄药物熏脾治螨时，导致蜂卵药物中毒。

（二）症状

1. **遗传型卵干枯**　干枯的卵散布于正常孵化的幼虫中间，不成片，比健康卵小而色暗，着房位置各异。

2. **干热或冻害型卵干枯**　着房位置较一致，卵呈暗黄色干瘪，成片，多位于边脾外侧或子脾外沿。

3. **药害型卵干枯**　卵成片或整脾干瘪，色泽暗黄色，较易识别。

（三）防治方法

选择生活力强的蜂群培育蜂王；保持蜂脾相称；早春做好蜂群的内外保温，盛夏注意给蜂群遮阴，保持巢内通风良好，打开巢门；补充饲喂蛋白质饲料，增强群势，提高抗逆能力；应用药物治螨防病时，要严格掌握用药时间和药量。

二、僵死幼虫

僵死幼虫又名僵死蜂子。

（一）病因

由于蜂王近亲交配，所产后代生活力降低，在恶劣的环境条件下，造成各发育阶段的幼虫停止发育而死亡。

（二）症状

发育至各阶段的雄蜂和工蜂幼虫及蜂蛹均可死亡，死虫体色最初呈苍白色，虫体变软，以后逐渐变为褐色或黑色。死虫尸体无黏性，无气味。

（三）防治方法

用生活力强的健康蜂王更换病群中的蜂王，同时对蜂群进行补充饲喂，特别是增加蛋白质饲料，以增强蜂群的抗病力。

三、成蜂非传染性病害

（一）佝偻病

佝偻病又名繁殖畸形，是蜜蜂的一种生理病害。

1. **病因**　由于蜂王生殖器官受到损伤或蜂王受精不良而引起。

2. **症状**　封盖子脾上出现凸起的蜂房，形成瘤状物，羽化出瘦小的雄蜂，生活力衰弱。另一种情况是，蜂王在一个空巢房内产多粒卵，是由于蜂王受精不良所致。

3. **防治方法**　更换蜂王。

（二）下痢病

1. **病因**　由不良饲料引起蜜蜂下痢。晚秋喂越冬饲料时，兑水过多，喂的时间较晚，蜜蜂尚未将饲料酿造成熟，蜂群即进入越冬期，蜜蜂吃了这种未成熟的蜜或结晶蜜；另一种情况是越冬蜜中含有甘露蜜，蜜蜂不易消化，加之巢内湿度过大，温度过高或过低，越冬环境不安静，外界气温不稳定，蜜蜂又不能外出排泄飞翔，而造成下痢病。

2. **症状**　蜜蜂下痢病多发生于冬季和早春，患病蜜蜂腹部膨大，肠道内积聚大量粪便，在蜂箱壁、巢脾框梁上和巢门前，病蜂排泄黄褐色并带有恶臭味的稀粪便。病情较轻的蜂群，在天气晴暖时，外出飞翔排泄后可以自愈；重病群，飞行困难，为了排泄粪便常在寒冷天气爬出巢外，受冻而死，由于蜜蜂的大量死亡，常造成蜂群春衰。

3. **防治方法**

① 在给蜂群喂越冬饲料时，注意不喂稀蜜汁和糖浆，喂优质糖或加蜜脾，当喂糖时要早喂、喂足，使蜜蜂有时间酿造为成熟蜜。

② 越冬前如发现有甘露蜜、结晶蜜或发酵变质的蜜，要撤出，换以优质的蜜脾。

③ 选择背风向阳的越冬场地，保持干燥，防止潮湿，蜂群要保持空气流通，保持蜂群安静越冬。

④ 对于患病蜂群，可在早春晴暖的中午撤出多余的巢脾，

密集蜂数，揭开草帘晒包装物，以提高巢温，排出箱内湿气，使蜜蜂飞出巢外排泄。

（三）卷翅病

卷翅病是我国长江以南地区的一种生理性病害。江浙地区多发生于芝麻花期，福建多发生于瓜花期。该病不仅影响新老蜂的交替，而且直接影响蜂群的采集力和下一个流蜜期的生产。

1. **病因**　主要是由于高温干燥引起。当外界气温高达 35 ℃以上，空气相对湿度在 70% 以下时，蜂群内蜜蜂少，子脾多，易发生卷翅病，群内如缺乏饲料，病情也会加重。其次是大蜂螨和小蜂螨，寄生于幼虫和蛹体，吸收体液，影响其正常发育，羽化出房的幼蜂出现卷翅或缺翅。

2. **症状**　羽化出房的幼蜂翅膀不能伸展，形成卷翅，轻者翅尖卷，重者翅面叠折，蜂体瘦小，通常边脾和子脾边缘的幼蜂病情严重。卷翅蜂在第一次出巢试飞时，即坠地死亡。

3. **防治方法**

① 选择阴凉靠近水源的地方作为蜂群越夏场地，特别要避免将蜂群放在烈日直晒的地方。

② 做好蜂群的遮阴。蜂场无天然遮阴物时，应架设凉棚或在蜂箱上加盖草帘遮阴。

③ 调节箱内温湿度，在卷翅病发生时期，可采取蜂群内加灌水脾或在框梁间加木条等方法来调节群内湿度。

④ 作好蜂螨的防治。把蜂螨的寄生率控制在 2% 以下，保持蜜蜂的正常生活。

⑤ 蜂群缺蜜时，应用糖水补充饲喂（糖与水各半）。

（四）蜂群的伤热

1. **病因**　蜂群热伤的原因主要有两个：一是运输途中通风不良；二是越冬期间包装过早或过严，使蜂群受闷，群内高温潮湿，引起蜜蜂死亡。

2. **症状** 蜂群在运输途中，群内蜜蜂极度不安，发出大量热，使蜂群内温度增高。严重时，巢脾融化，蜜从蜂箱内流出。随即出现大量蜜蜂死亡坠入箱底。死亡的蜜蜂发黑，潮湿似水洗一样。蜂群在越冬期伤热（受闷），主要表现烦躁不安，蜜蜂常飞出巢外。箱内湿度大、温度高，严重者，箱内保温物和巢脾潮湿，蜂箱壁及箱底渗水，蜜脾发霉变质，蜜蜂腹部膨大，有时还伴有下痢症状。

3. **防治方法** 打开巢门，加强通风，向蜂群内洒浇凉水，以降低巢温，保持蜂群安静。蜂群在越冬期伤热，可适当加大巢门，并减少保温物，同时撤出变质发霉的蜜粉脾，换以优质的蜜粉脾作为越冬饲料。

（五）幼虫冻伤

1. **病因** 幼虫冻伤是由低温引起的幼虫死亡。多发于早春巢温过低或寒流的突然袭击时，弱群更易受到伤害。

2. **症状** 幼虫冻伤较易识别，当寒流过后，蜂群内突然出现大批幼虫死亡，尤以弱群边脾死亡幼虫居多，死虫不变软，呈灰白色，逐渐变为黑色。幼虫尸体干枯后，附于巢房底部，很易被工蜂清除。严重受冻蜂群，封盖幼虫也可被冻伤，尸体难于清除，待工蜂咬破巢房盖后才能拖出。

3. **防治方法** 主要是加强蜂群饲养管理，对饲料不足的蜂群要及时补充饲喂，对于弱群，应适当合并，增强群势，提高保温抗寒能力，早春要特别注意对蜂群的保温，保持蜂多于脾或蜂脾相称。

第十章

蜜 蜂 中 毒

　　蜜蜂对有毒物质无论是化学物质还是自然产物或是食物中的毒素，反应都是极为敏感。蜜蜂中毒虽不具有传染性，但往往一旦发病，受害的范围广泛而且发病普遍，往往养蜂员还未来得及采取措施，全场蜂群已经损失严重甚至全场被毁。

　　蜜蜂的中毒可分为急性和慢性两种。急性中毒的表现是短时间内蜜蜂大量死亡，多为杀虫剂和除草剂等农药引起。有的植物毒素也可引起蜜蜂急性中毒，如百合科植物藜芦多生于林边、山坡、草甸等成片生长。在东北的林区，西北的新疆、甘肃，华北的内蒙古、河北等分布较多。

　　慢性中毒是指在一段时间里蜂场、蜂箱内外有许多死蜂，蜂群内只见子不见蜂，群势由强变弱。引起蜜蜂慢性中毒的有毒物质有甘露蜜和有毒植物花蜜与花粉等，另外一些化学农药也可引起蜜蜂的慢性中毒。

　　蜜蜂毒害有自然和人为因素，可分为植物毒害、农药毒害和环境毒害3种。

一、蜜蜂植物毒害

　　植物毒害主要是由于植物的一些花粉、花蜜或分泌物中含有大量蜜蜂无法消化吸收的物质或有毒成分，一旦被蜜蜂采食会引起蜜蜂的消化不良或中毒。常见的植物中毒包括有害花蜜、花粉、甘露蜜等。

（一）花蜜中毒

自然界中有毒的植物很多，常见的有藜芦、毛茛、乌头、白头翁、杜鹃、苦皮藤、雷公藤、羊踯躅、八角枫、曼陀罗、油茶等。这些植物的花粉或花蜜含有对蜜蜂有害的生物碱、糖苷、毒蛋白、多肽、胺类、多糖、草酸盐等物质，蜜蜂采集后，受这些毒物的作用而生病。

一般症状：由于植物的种类不同，所含的有毒物质不同，引起蜜蜂中毒的症状也各不相同。蜜蜂采集油茶的花蜜，2～3天后会出现中毒症状：肚子胀大、不能飞，在地上乱爬，却没有抽搐的症状。成年蜜蜂采集茶花没有中毒症状，只会出现幼虫中毒死亡腐烂。蜜蜂采食博落回花蜜后，起初表现很兴奋，之后就进入麻痹状态，后期行动呆滞，痛苦地在地上爬行，最后死亡。死蜂的吻伸出，肚子不大。

防治措施：选择没有或少有有毒蜜源（2千米直径）的场地放蜂，或者根据蜜源特点，采取早退场、晚进场、转移蜂场等办法，避开有毒蜜源的毒害。如在秦岭山区狼牙刺场地放蜂，早退场可有效防止蜜蜂苦皮藤中毒。发现蜜蜂蜜、粉中毒后，首先需及时从发病群中取出花蜜或花粉脾。在糖水中加食醋、柠檬酸，或用生姜25克加水500克，煮沸后再加250克白糖喂蜂。其次，如中毒严重或该场地没有太大价值，应权衡利弊，及时转场。

1. 茶花蜜中毒 茶树在我国南方种植面积大，每年9～11月开花流蜜，由于其花期长，流蜜量大，所以是很好的晚秋蜜源。但蜜蜂采集茶花并饲喂给幼虫时经常引起幼虫的大量死亡，严重影响蜂群的越冬。

（1）病因 主要是由于蜜蜂幼虫不能消化利用茶花蜜中的低聚糖成分，尤其是这种低聚糖所结合的半乳糖，结果引起蜜蜂幼虫营养性生理障碍，造成幼虫的大量死亡。

（2）症状 主要造成幼虫发病：体色由白色转为黄色甚至黑色，虫体腐烂，无臭味。个别成蜂也有不良反应主要表现为消化不良，腹胀，下痢。

（3）解救方法 采用分区饲养管理结合药物解毒的方法，可以使蜂群既可以充分利用茶花蜜源，又能尽量避免或减少幼虫因取食茶花蜜而造成的中毒。分区管理可依据群势的大小分为两种方法。

① 弱群（6框足蜂以下）。可采用单箱分区管理。将巢箱用立式隔板分成两个区，然后将蜜脾、粉脾和适量的空脾连同封盖子脾和蜂王及蜂一同放到其中一个小区中，作为繁殖区。另一个小区仅放有空脾及工蜂作为生产区。隔离板与纱盖之间留出0.5～0.6厘米的空隙使繁殖区与生产区工蜂可以自由穿越但蜂王不能通过。在繁殖区靠近生产区的一侧加至少一个蜜粉脾和一个框式饲喂器（以便用作人工补充饲喂和阻止采集蜂将茶花蜜搬入繁殖区）。巢门开在生产区一侧，将繁殖区一侧的巢门装上铁纱巢门控制器保证蜜蜂只能出不能进，使采集蜂只能由生产区一侧进入。这样只要通过饲喂保证了繁殖区一侧的蜜粉源充足，就可以基本控制采集蜂将采集来的茶花花蜜只贮存于生产区，从而避免了繁殖区的幼虫中毒死亡。

② 强群（6框足蜂以上）。由于强群蜂比较多，单箱分区空间过于狭小，所以可采用继箱分区管理。先用隔离板将巢箱分隔为两个小区，然后将蜜脾、粉脾和适量的空脾连同封盖子脾和蜂王及蜂一同放到其中一个小区中，作为繁殖区。将其他巢脾连同蜜蜂放到另外一个小区和继箱中作为生产区。继箱和巢箱之间用隔王板分隔开，保证蜂王不能进入生产区。在繁殖区靠近生产区的一侧加至少一个蜜粉脾和一个框式饲喂器（以便用作人工补充饲喂和阻止采集蜂将茶花蜜搬入繁殖区）。巢门开在生产区一侧，将繁殖区一侧的巢门装上铁纱巢门控制器保证蜜蜂只能出不能

进，使采集蜂只能由生产区一侧进入。这样只要通过饲喂保证了繁殖区一侧的蜜粉源充足，就可以基本控制采集蜂将采集来的茶花花蜜只贮存于生产区，从而避免繁殖取得幼虫中毒死亡。

③ 生产区要注意适时取蜜。尤其在茶花流蜜盛期，一般要3～4天取蜜1次；繁殖区隔天饲喂1：1的糖浆或蜜水，并注意补充适量的花粉。适时将繁殖区的封盖子脾调出，调入空脾繁殖。

④ 解毒药与饲养管理相结合。繁殖区每天傍晚施用少量解毒药物：0.1%多酶片加0.1%大黄苏打片，喷洒或饲喂。

2. 枣花蜜中毒

（1）发病时间和原因　蜜蜂枣花中毒又称为枣花病，在长江以北大枣、小枣、酸枣等枣树分布地区，五六月份枣树开花期，如遇干旱少雨气温较高时，蜜蜂枣花蜜中毒症状严重。有报道指出，由于枣花蜜中生物碱及钾离子含量过高引起蜜蜂体内钠、钾离子代谢失衡，这是引起蜜蜂枣花蜜中毒的重要原因之一，也有人认为是枣花蜜过稠，蜜蜂难以从蜜囊中吐出。

（2）症状及诊断　中毒主要集中于采集蜂。患病蜜蜂腹部膨大，很亮、近似于半透明状态，失去飞翔能力，患病初期蜜蜂还能连蹦带跳地在地上爬，随着病情的进一步加重，病蜂爬的力气也没有了，只能仰面朝天的躺在地上抽搐而死，死亡的蜜蜂尸体翅膀张开，身体蜷曲，吻伸出，多数死蜂腹部空虚。若遇干热风，蜂群枣花蜜中毒现象会更加严重，场内遍地死蜂。

（3）发病规律及特征

① 与气候有一定的关系，一般若枣花流蜜期气候高温干燥，花蜜浓稠则发病严重，而雨水充足，则发病较轻，甚至不发病。

② 若枣花流蜜期外界同时有其他的辅助蜜源则发病较轻，反之若蜜源单一则发病较重。

③ 一般来说山地较平原地区、干旱地区较多水地区发病重。

④ 西方蜜蜂较东方蜜蜂发病重。

(4) 解救方法 总的原则是：以加强蜂群饲养管理为主，结合解毒的综合措施。

① 尽量选择周围蜜粉源充足的场地放蜂，或在枣花流蜜期前补充一定的粉脾，使蜂群有足够的储备蜂粮，尤其要保持花粉的充足。

② 蜂群喂水，防暑降温。由于一般枣花流蜜期气候都比较高温干燥，因此要给蜜蜂补充水分，同时为蜂群遮阴挡光避免阳光直射蜂箱。同时注意蜂箱的通风。

③ 及时解毒。注意：所有用于解毒的药物每次饲喂的量都不应过大，以使蜜蜂既能充分消化吸收又可减少枣花蜜中的残留。

将甘草水、生姜水、柠檬酸或醋酸加入糖水中配成 0.1% 的糖浆喷喂；也可将饲喂的水用 0.5% 的稀盐水（5 克食盐溶于 1 千克水中）替代可起到一定的解毒作用。

3. 雷公藤蜜中毒 雷公藤又名黄蜡藤、菜虫药、断肠草。为卫矛科藤本灌木。主要分布于长江以南的一些省份及华北、东北各地山区的荒山坡、山谷灌木林。如果开花期遇到大旱，其他蜜源植物少时，蜜蜂就会采集雷公藤的蜜汁酿成毒蜜。蜜蜂和人吃了这种蜜都会中毒，甚至死亡。

目前没有特效解毒药，如发现有蜜蜂中毒只能立即转场，并把所有毒蜜脾换走。

4. 向日葵蜜中毒 向日葵又名朝阳花、转日莲、向阳花、望日莲。属菊科，一年生草本，高 1~3 米，茎直立，粗壮，圆形多棱角，被白色粗硬毛，性喜温暖，耐旱，能产果实葵花籽。原产北美洲，世界各地均有栽培。一个花盘从舌状花开放至管状花开放完毕，一般需要 6~9 天。

蜜蜂采完葵花蜜源后，蜂群群势急剧下降，甚至严重影响蜂群越冬。导致这种现象的原因尚不明确。据报道，采用以下方法可使蜜蜂中毒症状减轻，如：可饲养强群；在向日葵花流蜜期适度幽闭蜂王；每晚饲喂蜜蜂含糖量为 60％ 的稀蜜水，其中添加 0.05％ 的柠檬酸或 0.025％ 的大黄苏打片。

5. 百里香蜜中毒 百里香属唇形科，为多年生的芳香草本植物。最高约 40 厘米，生长在欧洲、北非和亚洲。一般是茎部窄细的常绿植物，小叶（4～20 毫米长）对生，全缘，呈椭圆形。花顶簇生；花萼不规则，上缘分三瓣，下缘裂开；花冠管状，长 4～10 毫米，呈白色、粉色或紫色。有蜂农反映百里香花蜜有不同程度的伤蜂现象。由于病因上不明确，建议提早预防，避免伤蜂。

6. 苦皮藤蜜中毒 苦皮藤又名苦树皮、马断肠、老虎麻、棱枝南蛇藤、苦皮树和老麻藤。属卫矛科（Celastraceae）藤本灌木。生长于海拔 400～3 600 米的山地疏林、灌丛中的湿润处，常和白刺花等混生。在我国主要分布于甘肃、陕西、河南、四川、湖南和湖北等省。在秦岭山区，苦皮藤花期从 5 月下旬至 6 月上旬，正是白刺花蜜源尾期。花粉浅灰色，数量较多；花蜜水白色透明，质地浓稠，有毒。蜜蜂采食后腹部胀大，身体痉挛，尾部变黑，吻伸出呈钩状死亡。幼蜂食用这种花蜜也会死亡，使群势骤降。尚无有效防治方法。

（二）甘露蜜中毒

甘露蜜包括甘露和蜜露两种。甘露是由蚜虫、介壳虫等昆虫所分泌的一种含糖汁液。这些昆虫常常寄生在松柏、柳树、杨树及禾本科作物等植物上。在干旱季节这类昆虫会大量发生，它们在吸食了树木或农作物的汁液后会排出一种胶状的甘露。蜜露则是由于植物受到外界气温剧烈变化的影响或受到创伤，植物本身从叶茎或创伤部位分泌的一种含糖汁液。在早春、晚秋外界蜜粉源缺乏时，由于这些汁液有甜味，蜜蜂采集植物幼叶分泌的甘露或蚜虫、介壳虫分泌的蜜露，并且将它们带回巢，酿成所谓的甘露蜜。甘露蜜中含有大量的糊精和无机盐，会使蜜蜂发生消化不良而引起慢性中毒。

1. 病因 甘露蜜中蔗糖含量较多而单糖含量较低，同时多含有糊精、矿物质、松三糖等，不利于蜜蜂的消化。另外，昆虫分泌的甘露蜜常被细菌或真菌等微生物污染产生毒素，所以蜜蜂取食后易引起中毒。

2. 症状与诊断 甘露蜜主要是使采集蜂中毒死亡。中毒蜜蜂腹部膨大，无力飞翔，体色变黑发亮，因消化不良而产生下痢。在蜂箱壁、巢脾的框梁及巢门前会发现大量排泄的粪便。将病蜂解剖，会发现蜜囊膨大成球状，中肠环纹消失，中肠内有大量无法消化的黑色物质，后肠充满暗褐色或黑色的粪便。中毒蜜蜂萎靡不振，无力飞行，甚至因无力停留在巢脾上而坠落于箱底。在箱底和巢门附近缓慢爬行，并最终死亡。

蜂群中毒严重时幼虫和蜂王也会中毒死亡。外界缺少蜜粉源而蜂群却出现繁忙采集的现象，爬蜂、死蜂逐渐增多，即可初步认定是甘露蜜中毒。甘露蜜中毒多发生在松、柏、杨、柳、刺槐、椴树、沙枣等林区。遇到干旱年景，油菜、玉米、高粱等农作物因缺水而发生蚜虫也会引发蜜蜂甘露蜜中毒。

除对蜂进行检测外，也可通过对蜂蜜的检测来判断，简单常用的方法主要有以下两种：

（1）酒精检测法 取待检蜜 3 毫升，用等量的蒸馏水稀释，加入 10 毫升 95% 的酒精，混匀后如果发现有白色混浊或沉淀，则可认定含有甘露蜜。

（2）石灰水检测法 同样按上述方法将待检蜜稀释后，加入饱和并经过澄清的石灰水 6 毫升，充分摇匀，加热煮沸后静止几分钟，如果出现棕色的沉淀，则可以认定含有甘露蜜。

3. 出现规律及危害 在我国养蜂生产中甘露蜜发生较为普遍，尤其在早春及晚秋外界蜜源缺乏的季节发生更为严重。实践证明，干旱歉收年份，大蜜源结束早而又缺乏辅助蜜源时，蜂群缺乏饲料，长期处于饥饿状态时蜂群甘露蜜中毒发生的也严重。

甘露蜜中毒不但会造成工蜂死亡，严重时还会使幼虫大量死亡，蜂群群势迅速下降。如果越冬蜜中含有甘露蜜则会造成越冬蜂死亡，不仅影响到当年蜂群越冬的成败，而且影响到来年蜂群的群势和产量。除此以外，蜜蜂还会因甘露蜜中毒而并发孢子虫病、阿米巴病或其他疾病。

4. 解救方法 应对甘露蜜中毒要以预防为主：

① 选择蜜源丰富、优良的场地放蜂。在晚秋蜜源结束前，蜂群内除留足越冬饲料外，还应将蜂群搬到无松柏的地方。

② 在大流蜜期后应保证蜂群内留有足够的蜜粉脾，保持蜂群食物充足。

③ 若发现蜂群已采集了甘露蜜，在蜂群越冬之前应将含有甘露蜜的蜜脾全部撤走，换用优质的蜜脾或饲喂优质蜂蜜或白糖作为越冬饲料。

④ 发现蜂群出现甘露蜜中毒时，除要立即撤走所有含有甘露蜜的蜜脾外还要及时采取药物治疗：红霉素 0.1 克＋复方维生素 B 20 片加食母生 50 片，研碎混匀后溶入 1 千克糖水中，饲喂，可用于 20 群蜂，每天一次，连喂 2～3 天。

（三）花粉中毒

花粉中毒多为幼蜂和幼虫。病蜂的肚子胀大，中、后肠内有大量的花粉糊，不能飞行，在蜂箱内外爬行，最后死亡。

为了蜜蜂免于中毒，场地的选择非常重要。一定要了解当地的蜜粉源情况，场地一定要远离有毒植物。若是定地饲养，应有意识地在蜂场周围种植与有毒植物花期同步的蜜粉源植物。

如果已发现蜂群因蜜粉源中毒，应采取以下措施：①即刻转场；②更换巢内饲料；③喂酸性饲料如米醋、柠檬酸，以及生姜、甘草、金银花、绿豆等解毒物，加糖浆（1∶1）喂蜂解毒。若确定花粉中毒，加强脱粉可减轻症状。

（四）常见的蜜蜂花蜜和花粉中毒

在养蜂实际生产中，许多种植物的花粉、花蜜会引起蜜蜂采食后中毒，例如博落回、雷公藤、藜芦、喜树、羊踯躅、乌头、曼陀罗、苦皮藤、紫金藤、狼毒、向日葵、八角枫和百里香等。

1. **蜜蜂油茶花中毒**　油茶是我国南方的主要产油作物之一，花期长，泌蜜量大。蜜蜂采集油茶花，不仅可以开发利用这一丰富的蜜粉源，而且通过蜜蜂授粉能有效提高油茶的结实率和油茶籽的产量。但若不注意管理，蜜蜂采食后很容易出现腹胀、爬蜂，幼虫中毒死亡，出现蜂群群势下降甚至无法越冬的严重中毒状况。

（1）病因　油茶中毒主要是由于油茶蜜和花粉中含有的生物碱K；与此同时，油茶蜜中含有较高的棉籽糖和水苏糖结合的半乳糖成分也会引起蜜蜂中毒。

（2）症状　油茶花蜜主要引起成年蜜蜂中毒，中毒蜜蜂腹部膨胀，失去飞行能力，死蜂身体蜷曲。严重时也可造成幼虫大面积死亡，出现插花子脾。

（3）解救方法

① 分区管理，具体方法可参见"茶花蜜中毒"。

② 油茶花期蜂群管理要注意加强箱内外的保温。

③ 药物解毒可采用中国林业科学院林业研究所研制生产的"蜂乐牌解毒灵"和"油茶蜂乐冲剂"，每瓶药0.5千克，可治疗2～4群标准蜂群。治疗方法：隔天傍晚用药液喷脾或饲喂。

2. **博落回**　博落回又名号筒杆、黄薄荷、野罂粟。为罂粟科多年生草本植物。分布于湖南、湖北、江西、浙江、江苏等省的低山、丘陵、山坡、草地、林缘或撂荒地等处，花期为每年的6～7月。其蜂蜜和花粉均对蜜蜂和人有剧毒。中毒蜜蜂表现为狂躁、螫人，死蜂身体蜷曲，吻伸出，幼虫死亡。

目前尚没有特效解毒药剂，一旦发现中毒可饲喂甘草绿豆水

与稀糠浆（2∶1）混合液进行缓解，同时立即转场。

3. **藜芦**　藜芦又名大藜芦、山葱、老旱葱、黑藜芦苇。为百合科多年生草本植物。主要分布于东北林区及河北、河南、山东、山西、四川、内蒙古、甘肃、新疆等地的林缘、山坡、草甸。蜜蜂采食它的蜜粉后会很快中毒，出现抽搐、振翅、痉挛、腹胀等症状，并很快死亡，蜂群群势急剧下降。

目前尚无特效解毒药物，以预防为主，最好在藜芦开花之前转场离开。

4. **曼陀罗**　曼陀罗又名醉心草、狗核桃，属茄科，直立草本，多生于山坡、草地、路旁和溪边，在海拔 1 900～2 500 米处较多；另外，也栽培于庭园。分布于我国东北、华东、华南等地。曼陀罗含有莨菪碱、阿托品和东莨菪碱等。花期 6～10 月，花蜜和花粉均对蜜蜂有毒。

目前亦无特效解毒药物，防治方法同上。

5. **八角枫**　八角枫又名华瓜木和橙木，俗名包子树。属山茱萸科，在我国长江流域以南各地均有分布。生于溪边、旷野及山坡阴湿的杂木林中。花期 6～7 月。八角枫含有八角枫酰胺、八角枫辛、八角枫碱等，其花蜜和花粉对蜜蜂有毒。

6. **乌头**　又名草乌和老乌。属毛茛科（Ranunculaceae）多年生草本。多生于山坡、林缘、草地、沟边和路旁。在我国主要分布于东北、华北、西北和长江以南各地。花期 7～9 月。乌头含有乌头碱、中乌头碱等，花蜜和花粉对蜂有毒。

7. **喜树**　又名旱莲木、千仗树。为紫树科落叶乔木，多生于海拔 1 000 米以下的溪流两岸、山坡、谷地、路旁土壤肥沃湿润处。主要分布于浙江、江西、湖北、湖南、四川、云南、贵州、广西、广东、福建等省、自治区。

目前尚无特效解毒药物，只有立即转场离开，同时给蜂群饲喂稀糖浆缓解。

8. **羊踯躅**　羊踯躅又名闹羊花、黄杜鹃、老虎花。属杜鹃花科落叶灌木。主要分布于江苏、浙江、湖南、湖北、河南、四川、云南等省的山坡、石缝、灌木丛中，喜欢酸性土壤。花期4～5月。中毒蜜蜂表现为腹部膨胀、飞行困难、爬行、麻痹等。

目前尚无特效解毒药物，可采用甘草、绿豆水加稀糖浆饲喂缓解，同时要立即转场。

蜜蜂中毒无论是因为什么，其结果损失都很大。如果加强责任心，有些中毒情况是可以避免的，如转运用车事先向有关方面提出要求，落实场地之前认真调查，了解蜜源情况，无论是外界情况如何都应保证蜂群有充足而优质的饲料，若是为农作物授粉，应随时与相关人保持联系，争取在喷洒农药之前采取措施，保护蜜蜂免于被农药毒杀。

二、农药中毒

随着农业科学技术的不断发展，人类在农药生产中使用农药的品种和使用范围日益扩大。如今不少农药，尤其是杀虫剂对蜜蜂有不同程度的毒性。蜜蜂药物中毒主要是在采集果树和蔬菜等人工种植植物的花蜜花粉时发生。如我国南方的柑橘、荔枝、龙眼，北方的枣树、杏等，每年都造成大量蜜蜂死亡。另外，我国最主要的蜜源——油菜、枣等，由于催化剂和除草剂的应用，驱避蜜蜂采集，或者蜜蜂采集后，造成蜂群停止繁殖，破坏蜜蜂正常的生理机能而发生毒害作用。

农药可以通过4种方式使蜜蜂中毒，即接触、胃毒、熏蒸和内吸。接触是药物接触到蜜蜂后直接穿透蜜蜂的体表进入体内而导致中毒；胃毒是由于蜜蜂在吸取食物或在清洁活动时将食物中或身体上的药物吃下，药物通过消化被吸收而导致中毒；熏蒸使药物挥发入空气中后经由蜜蜂的气孔或呼吸系统而被吸收中毒；内吸是农药被植物吸收后扩散到花蜜或花粉里，当蜜蜂采食了这种蜜粉后即会引起中毒。一般一种农药可以有以上一种或几种作用方式。

（一）农药中毒常见症状

1. **全场蜂群突然出现大量死蜂**　蜜蜂农药中毒不同于其他任何一种病虫害，没有潜伏期，发病没有从少而多的过程。蜂群往往突然出现大量采集蜂死亡的现象，而且蜂群群势越强死蜂越多，常常一两天内蜂群就全部死亡。

2. **农药中毒的主要是外勤蜂**　成年工蜂中毒后，性情暴躁，在蜂箱前乱飞，常追螫人、畜。中毒工蜂正在飞行时旋转落地，肢体麻痹，翻滚抽搐，打转，爬行，无力飞行。最后，两翅张开，腹部勾曲，吻伸出而死。拉出中肠可见环纹消失，中肠缩到3～4毫米，肠道空。有些死蜂还携带有花粉团；严重时，短时间内在蜂箱前或蜂箱内可见大量的死蜂，全场蜂群都如此，而且群势越强死亡越多。

3. **中毒蜂症状**　中毒蜜蜂由于无力附在脾上而坠落箱底，蜂箱底部积有大量的死蜂，蜂体和巢脾由于黏着蜜蜂吐出的蜂蜜而显得潮湿。

4. **子脾上有时出现"跳子"的现象**　当外勤蜂中毒较轻而将受农药污染的食物带回蜂巢时，常造成部分幼虫中毒而剧烈抽搐，从巢房脱出挂于巢房口，有的幼虫落在蜂箱底。有一些幼虫能生长羽化，但出房后残翅或无翅，体重变轻。当发现上述现象时，根据对花期特点和种植管理方式的了解，即可判定是农药中毒。

（二）预防与急救措施

1. **避免农药中毒的预防措施**　为了保护蜜蜂为农作物授粉，我国已有相关的规定对蜜蜂加以保护。为了避免发生农药中毒，养蜂场和施用农药的单位应密切合作，尽量做到花期不喷药，或在花前预防、花后补治必须在花期喷药的，优选施药方式，做好隔离工作。

① 在农作物开花期间，应禁止喷洒对蜜蜂有高度毒性的农药。如果确需要用药，应选用高效低毒、残留期短的农药，尽可能选用对蜜蜂无毒的药物。

② 如果农药施用单位必须在开花期大面积喷洒对蜜蜂有高度毒性的杀虫剂时，应在施用药物前 2～3 天前通知 5 千米以内的养蜂场，蜂场需提前做好防护工作，在施药的前一天晚上关闭所有巢门。巢门关闭时间长短依据喷洒药物的种类而定：除虫菊、杀菌剂、除锈剂一般为 4～6 小时；喷洒砷和氟制剂为 4～5 天；喷洒其他农药可依据其残效期长短进行调整。在蜂群的幽闭期间，在蜂群管理上应注意以下一些问题：盖上纱盖或加空的继箱以扩大蜂巢，使空气流通；做好遮阴工作，以保持蜂箱内不透光和维持蜂群安静；幽闭期间要保持蜂群内有充足的蜂蜜和花粉，如果饲料不足应在傍晚前给蜂群补喂饲料；如果巢门关闭时间太长，天黑后可以适当开启巢门，但应在天亮蜜蜂出巢之前关闭；应经常给蜂群喂水，尤其在夏季气温较高时更应注意给蜂群喂水、降温和通风；如果施药时间长或农药的药效长，就应考虑及早转场。

③ 在不影响农药效果和不损害农作物的前提下，可在农药中加入适量的驱避剂，尤其是大面积飞机喷药或长时间施药的情况下更应添加驱避剂。常用对蜜蜂驱避效果较好的驱避剂有石炭酸、硫酸烟碱、煤焦油等。

2. 发生农药中毒蜜蜂的急救措施

① 对于发生严重中毒的蜂场应尽快包装蜂群，撤离施药区，同时清除蜂箱中有毒饲料，将被农药污染的巢脾放入 2%苏打水中浸泡 12 小时以上，然后用清水冲洗晾干后备用。及时饲喂解毒药剂：对有机磷类农药中毒可用 0.05%～0.1%的硫酸阿托品或 0.1%～0.2%的解磷定溶液喷脾解毒。对有机氯类农药中毒

每群蜂可用20％的碳胺噻唑注射液3毫升（或片剂1片）溶于0.25千克糖水或蜜水中进行喷喂解毒。

② 对发生轻微农药中毒的蜂群，立即饲喂稀薄的糖水（1：4）或蜜水，这样不仅可以对中毒起到缓解作用，而且可以受到奖励思维的效果，促进蜂群繁殖，恢复群势。

（三）兽药中毒

在使用杀螨剂防治大蜂螨时，用药过量也会造成蜜蜂中毒。幼蜂会从箱中爬出，在箱前乱爬，直到死亡为止。在用升华硫抹子脾防治小蜂螨时，若药沫掉进幼虫内，会引起幼虫中毒死亡。

预防措施：严格按照说明配药，使用定量喷雾器施药（如两罐雾化器），或先试治几群，按最大的防效、小的用药量防治蜂病。

三、环境毒害

（一）环境毒害因素

在工业区（如化工厂、水泥厂、砖厂、电厂、铝厂、药厂、冶炼厂等）附近，烟囱排出的气体中，有些含有氧化铝、二氧化硫、氟化物、砷化物、臭氧、氟等有害物质，随着空气（风）飘散并沉积下来。这些有害物质，一方面直接毒害蜜蜂，使蜜蜂死亡或缩短寿命；另一方面沉积在花上，蜜蜂采集后影响蜜蜂健康和幼虫的生长发育，还对植物的生长和蜂产品质量形成威胁。

除工业区排出的有害气体外，其排出的污水和城市生活污水也时刻威胁着蜜蜂的安全。近些年来的"爬蜂病"，可能污水就是其主要发病原因之一。

水泥厂的粉尘是使附近蜂群群势下降的原因之一。

（二）环境毒害的诊断与防治

毒气中毒以工业区及其排烟的顺（下）风向受害最重，污水中毒以城市周边或城中为甚。

1. 诊断 环境毒害，造成蜂巢内有卵无成蜂，蜜蜂疲惫不堪，群势下降，用药无效。因污水、毒气造成蜜蜂的中毒现象，雨水多的年份轻，干旱年份重，受季风的影响，在污染源的下风向受害重，甚至数十千米的地方也难逃其害。只要污染源在，就会一直对该范围内的蜜蜂造成毒害。

2. 防治措施 发现蜜蜂因有害气体中毒时，首先要清除巢内饲料后喂糖水，然后转移蜂场。如果是污水中毒，应及时在箱内喂水或在巢门喂水。

由于环境污染对蜜蜂造成毒害有时是隐性的，且是不可救药的。因此，选择具有优良环境的场地放蜂，是避免环境毒害的唯一办法，同时也是生产无公害蜂产品的首要措施。

四、蜜蜂不明原因死亡

蜜蜂突发事件，指的是蜜蜂在短期内发生不明原因大量死亡。突发事件发生时，养蜂员应打电话向有关部门反映。作为养蜂主管部门的畜牧局应及时派人下去调查解决。

目前，中蜂的病害只有中蜂欧洲幼虫腐臭病和中蜂囊状幼虫病和巢虫危害，这些病虫害症状都较明显。

引起蜜蜂大量死亡的原因有两个，一是两种病害同时暴发流行，二是中毒（农药和有毒蜜源植物中毒），由于很多新农药（杀虫剂、除草剂和抗菌素等）的出现，蜜蜂产生中毒的症状与以往不同，因此，很多养蜂员无法判断蜜蜂的死因。如果在一个地区大量发生蜜蜂死亡，且持续时间较长，就会引起养蜂员恐慌，若再加上媒体的炒作，会在社会上引起负面影响，因此，各

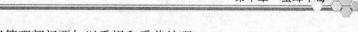

级管理部门要加以重视和妥善处理。

（一）突发事件处理方法处置程序

突发事件处理方法处置程序如下：

1. **第一时间赶到现场**　有关部门接到消息后，应迅速准备好取样工具和照相器材等，尽快赶赴现场。

2. **现场调查**

（1）看症状　看蜂箱四周（重点巢门口）有没有工蜂死亡，死亡工蜂是幼年蜂还是青壮年工蜂，喙是否有外伸；打开蜂箱盖，看巢脾上的工蜂数量，提脾时工蜂是否有因抓不牢巢脾而跌下箱底。看巢脾上蜂王产卵情况，幼虫情况及封盖情况。

（2）病害流行学调查　应了解发生地点、时间、范围、数量、蜜源植物以及周围空气、水源污染情况，发病与气候变化关系，附近农作物施用农药等情况（注意大型果、菜种植场）等。

3. **初步判断**

① 地面上死蜂为成年蜂，大部分喙外伸，为农药或有毒蜜源植物中毒死亡。

② 巢脾上工蜂数量稀疏，主要为幼年蜂（体色较浅）提脾时工蜂因抓不牢巢脾而跌下箱底，有时有的在箱底或地面打转或弹跳，工蜂头钻进巢房中死亡，为农药（除草剂的可能较大）中毒死亡。

③ 打开蜂箱有酸臭味，巢脾出现插花子脾，幼虫腐烂等症状，为中蜂欧洲幼虫腐臭病。巢脾出现插花子脾、"尖头"老幼虫，用镊子取出时表皮不破裂呈囊状，为中蜂囊状幼虫病。特别注意以上两种病会同时出现。

④ 巢脾上有白头蛹，对阳光可看到巢虫危害的隧道，为大蜡螟危害。

4. **应急措施**

① 见欧洲幼虫腐臭病防治措施；中蜂囊状幼虫病、大蜡螟

的防治方法。

② 中毒：立即搬迁，清除巢脾上的存蜜，用水冲洗，另喂以甘草绿豆糖水。

③ 要求施药单位用药时要提前 3 天告知当地养蜂场，否则负责赔偿。

5. **现场取样** 有疑问时，应现场取样本，样本送法定检测单位检测。

6. **善后工作** 协助蜂农争取赔偿，有投毒嫌疑的要及时向公安报案，做好证据保全。

五、突发事件处理

在突发事件发生时，最重要的是保证养蜂员的人身安全，其次才是财产和蜂群的安全。作为养蜂员，每天收听并记录天气预报。其次通过广播、媒体等了解地震、泥石流等灾害性气候的应急避险措施。当灾害发生时，要沉着冷静，采取正确的逃生措施。

（一）地震

1. 地震的预防

（1）及时了解正确信息 地震发生后，要注意收听、收看广播电视中有关地震的报道，从正确的渠道了解来自政府和有关部门的信息。

（2）做好紧急疏散准备 清理杂物，使门口、庭院通道畅通，地震时便于人员逃离。熟悉周围环境，了解避难场所，地震时可沿指定路线及时疏散。

（3）防止地震次生灾害 迅速切断电源、气源，防止火灾、爆炸等灾害发生。

2. 地震应急要点

① 在平房，应迅速头顶保护物向室外跑，来不及可躲在桌

下、床下及坚固家具旁。

②　在楼房，应暂避到洗手间等跨度小的空间、承重墙根、墙角等易形成三角空间处，不要使用电梯，更不能跳楼。

③　在学校、商店、影剧院等公共场所，应迅速抱头、闭眼，在课桌、椅子或坚固物下躲避，待地震过后有序撤离，切勿乱跑。

④　在街上，应抱头迅速跑到空旷地蹲下，避开高楼、立交桥，远离高压线。

⑤　在郊外，尽量避开山脚、陡崖，防止滚石、滑坡、山崩等。

⑥　驾车行驶时，应迅速避开立交桥、陡崖、电线杆等，尽快选择空旷处停车。

⑦　如果被废墟埋压，要尽量保持冷静，设法自救：一是尽量用湿毛巾、衣物或其他布料捂住口、鼻，防止灰尘呛闷发生窒息；二是尽量活动手脚，清除脸上的灰土和压在身上的物件；三是用周围可以挪动的物品支撑身体上方的重物，避免进一步塌落；四是扩大活动空间，保持足够的空气；五是无法脱险时，要保存体力，耐心等待救援，不要盲目大声呼救。当听到附近有人活动时，要用砖或硬物敲打墙壁、铁管等，向外界传递信号。

（二）洪灾

突然遭遇洪水袭击，要沉着冷静，快速转移。转移时要先人员后财产，先老幼病残人员，后其他人员。

当洪水迅猛，来不及撤离时，迅速向屋顶、大树、高墙等高处转移，并想办法发出求救信号，条件允许时，可利用船只、木板、木床等漂浮物转移。

在不了解水情时，不要冒险涉水，尤其是急流，要在安全地带等待救援。

发现高压线铁塔倾倒、电线低垂或断折时，迅速远避，防止触电。

（三）运输中的道路交通事故

道路交通事故，是指车辆在道路上因过错或者意外造成的人身伤亡或者财产损失的事件。

应急要点：

① 立即报警，请求支援。

② 关闭引擎，若撞车后起火燃烧，迅速撤离，防止油箱爆炸伤人。

③ 警察到来前，保护好现场；肇事车逃匿，要记下车牌号码、车身颜色及特征，为侦破工作提供线索。

④ 机动车在高速公路上发生故障或交通事故时，应在故障车来车方向 150 米外设置警告标志，车上人员应迅速转移至右侧路边或应急车道内，并迅速报警。

提示：严格遵守交通规则。禁止酒后驾驶，禁止非司机驾车，禁止驾驶中打手机，不要疲劳驾驶。

∽ 参考文献 ∽

方文富，2007.12 种有毒蜜粉源植物及预防中毒措施［J］. 中国蜂业，58
（2）：28.

周婷，2004. 巧防巧治蜜蜂病敌害［J］. 北京：中国农业出版社.

王曙光，1999. 蜜蜂葵花病的防治技术［J］. 江西畜牧兽医杂志（2）：48.

吴杰，2012. 蜜蜂学［M］. 北京：中国农业出版社.

姚海春，姚京辉，陈云，2011. 有毒蜜粉源植物的人蜂中毒机理及防治
［J］. 蜜蜂杂志（4）：38-40.

彩图1 美洲幼虫腐臭病

（吴艳艳提供）

1. 插花子脾 2. 拉丝

彩图2 感染蜜蜂残翅病毒的蜜蜂

（侯春生拍摄）

彩图3　感染慢性麻痹病毒的蜜蜂（黑亮型）

（侯春生拍摄）

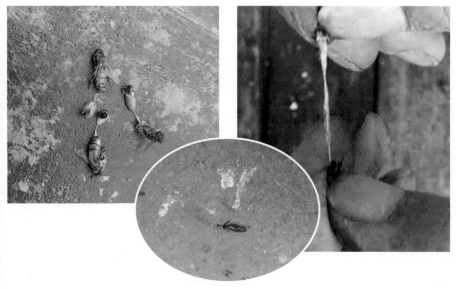

彩图4　感染慢性麻痹病毒的蜜蜂（大肚型）

（祁文忠、侯春生拍摄）

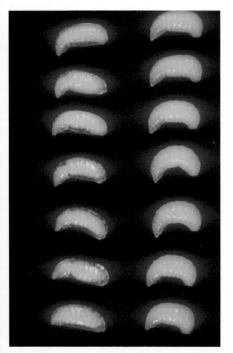

彩图5　感染囊状幼虫病毒的幼虫和子脾

（侯春生拍摄）

彩图6　感染丝状病毒的蜜蜂

（侯春生拍摄）

图7　蜜蜂微孢子虫病原照片

（600×，王强拍摄）

彩图8　巢房中寄生的狄斯瓦螨

（侯春生拍摄）